学电工就这么简单

学家装电工就这么简单

杨清德　赵顺洪　主编

科学出版社

北京

内 容 简 介

本书以家居新房电气装修及旧房电气改造为切入点，重点介绍了室内电气件预理、配电器件的安装、常用灯具的安装、常用电器设备安装、弱电布线及器材安装等方面的技术规范和操作技能，对集成吊顶电器安装等新技术进行了手把手的指导。同时，对电气规划设计、装修成本预算及控制、安全用电等知识进行了详细的介绍。

本书注重实用，图文并茂，易学易懂。适合于家装电工阅读，也可供工装电工、建筑工程技术人员阅读，可作为职业院校电类、建筑类专业学生进行专项技能培训的教材。

图书在版编目（CIP）数据

学家装电工就这么简单 / 杨清德，赵顺洪 主编 . —北京：科学出版社，2015.4

（学电工就这么简单）

ISBN 978-7-03-043418-0

Ⅰ. 学⋯　Ⅱ. ①杨⋯　②赵⋯　Ⅲ. 住宅－室内装修－电工－基本知识　Ⅳ. TU85

中国版本图书馆 CIP 数据核字（2015）第 033382 号

责任编辑：孙力维　杨　凯 / 责任制作：魏　谨
责任印制：肖　兴 / 封面设计：杨安安

北京东方科龙图文有限公司　制作

http://www.okbook.com.cn

科学出版社 出版

北京东黄城根北街16号
邮政编码：100717

http://www.sciencep.com

天津新科印刷有限公司　印刷

科学出版社发行　　各地新华书店经销

*

2015年4月第 一 版　　　开本：A5（890×1240）
2015年4月第一次印刷　　印张：7 3/4
印数：1—4 000　　　　　字数：240 000

定价：34.00元

（如有印装质量问题，我社负责调换）

前　言

电工是指从事安装、保养、操作或修理电气设备的工人，他们分布在社会生活和工业生产的许多领域及部门，从业人员众多，近年来电工的经济待遇及社会地位有了较大提升。电工是一个传统行业，既是通用工种，同时又属于特殊工种，应该掌握的知识和技能有很多，实践证明，基础知识必须从书本中学习，打好基础，在师傅的指引下才能更快更好地掌握电工操作技术。

"学电工就这么简单"丛书共6本，编写宗旨在于帮助初学者掌握电工实用技能，内容涵盖电工从业技能需求的重点方面。

本书详细介绍了家装电气规划设计、成本预算及控制、安全用电等基础知识，结合近年来家装电工的实战需要，重点介绍了电气件预埋、各种配电器件的安装、常用灯具的安装、家居常用电器设备和弱电布线及器材安装，对集成吊顶的电器安装等新技术也进行了手把手的指导。

本书具有以下特点：

① 以实际操作方法和技能培养为重点，注重知识性、系统性、操作性和实用性相结合，满足电气行业从业人员及求职人员的需求。

② 内容新颖，详细介绍了近年来的新知识、新技术、新工艺和新材料，非常贴近目前该领域的实际应用情况。

③ 语言精练，深入浅出，易学易懂。口诀归纳，便于记忆。要点提示，便于掌握。

④ 图、表、文，紧密结合，可读性强。

本书是"学电工就这么简单"丛书之一，由特级教师杨清德、高级讲师赵顺洪主编，参加本书编写工作的还有康娅、丁汝玲、杨松、柯世民、冉洪俊、谭定轩、张齐、杨鸽、陈东、魏清发等同志。

　　由于编者水平所限，加之时间仓促，书中难免有不妥之处，敬请读者批评指正。主编的电子邮箱：yqd611@163.com，来信必复。

编者

目 录

第1章
电气规划设计及成本预算

1.1 电气工程规划与方案制定

1.1.1 家居电气配置规划设计的有关规定

尽管不同家庭的装修设计各不相同，家用电器的配置也不尽相同，但电气设计的基本原则是相同的。我们在进行住宅建筑电源布线系统的规划设计时，必须遵守国家现行法律法规及有关标准的规定。

我国《住宅建筑电气设计规范（JGJ 242-2011）》于2011年5月3日发布，并于2012年4月1日开始实施。下面摘录其中与家装电气设计及安装有关的部分条文，必要时进行适当讲解，希望对读者有所启迪和帮助。

1. 电能计量

每套住宅的用电负荷和电能表的选择可参考**表1.1**的规定。

表1.1 每套住宅用电负荷和电能表的选择

套 型	建筑面积 S（m²）	用电负荷（kW）	电能表（单相）（A）
A	$S \leqslant 60$	3	5（20）
B	$60 < S \leqslant 90$	4	10（40）
C	$90 < S \leqslant 150$	6	10（40）

电能表的安装位置除了应符合下列规定外，还应符合当地供电部门的规定。

① 电能表宜安装在住宅套外。

② 对于低层住宅和多层住宅，电能表宜按住宅单元集中安装。

③ 对于中高层住宅和高层住宅，电能表宜按楼层集中安装。

④ 电能表箱安装在公共场所时，暗装箱底距地宜为1.5m，明装箱底距地宜为1.8m；安装在电气竖井内的电能表箱宜明装，电能表箱的上沿距地不宜高于2.0m。

> 💡 **提示**
>
> 　　每套住宅的用电负荷中应包括照明、插座、小型电器等，并为今后发展留有余地。考虑到家用电器的特点，用电设备的功率因数按0.9计算。
>
> 　　电能表一般由供电部门安装，家装电工不涉及安装电能表。同时，在装修时，家装电工也不要拆装已经进入电能表的电线。

2. 导体及线缆选择

① 住宅建筑套内的电源线应选用铜材质导线。

② 建筑面积小于或等于60m^{2}且为一居室的住户，进户线线径不应小于6mm^2，照明回路支线线径不应小于1.5mm^2，插座回路支线线径不应小于2.5mm^2；建筑面积大于60m^{2}的住户，进户线线径不应小于10mm^2，照明和插座回路支线线径不应小于2.5mm^2。

3. 导管布线

① 住宅建筑套内配电线路布线可采用金属导管或塑料导管；明敷的金属导管管壁厚度不应小于1.5mm，暗敷的塑料导管管壁厚度不应小于2.0mm。

② 潮湿地区的住宅建筑及住宅建筑内的潮湿场所，配电线路布线宜采用管壁厚度不小于2.0mm的塑料导管或金属导管。明敷的金属导管应做防腐、防潮处理。

③ 敷设在钢筋混凝土现浇楼板内的线缆保护导管最大外径不应大于楼板厚度的1/3；敷设在垫层的线缆保护导管最大外径不应大于

垫层厚度的1/2。线缆保护导管暗敷时，外护层厚度不应小于15mm；消防设备线缆保护导管暗敷时，外护层厚度不应小于30mm。

④ 与卫生间无关的线缆导管不得进入和穿过卫生间。卫生间的线缆导管不应敷设在0、1区内，也不宜敷设在2区内（0、1、2区的分类定义见下方"提示"内容）。

 提示

根据我国国情，一般住宅的卫生间往往兼有浴室的功能，因此卫生间内均设有淋浴、盆浴等设备。由于卫生间是严重潮湿场所，在洗浴时身体电阻降低使电击的危险大大增加，卫生间成为住宅中最容易发生触电危险的地方。不在卫生间内设置电气插座及用电器具虽然可以避免触电，但也为洁身器、辅助加热器等电器的固定或移动用电器具的电源接驳带来困难，给使用造成不便。因此，电气设计师应在严格遵循电气保护措施的同时，在卫生间内适当位置设置插座，在保证安全的前提下满足人们在卫生间等潮湿场所内设置电器的要求。

如果卫生间面积较大，一般分为3区。0区为澡盆或淋浴盆的内部；1区的限界为围绕澡盆或淋浴盆的垂直平面，对于无盆淋浴的卫生间，1区为距喷头水平距离1.2m，垂直距离2.25m的区域；2区是在1区外水平距离0.6m，垂直距离2.25m的区域。

⑤ 净高小于2.5m且经常有人停留的地下室（例如，车库），应采用导管或线槽布线。

4. 家居配电箱

每套住宅应设置不少于一个家居配电箱，家居配电箱宜暗装在套内走廊、门厅或起居室等便于维修维护处，箱底距地高度不应低于1.6m。

家居配电箱的供电回路应按下列规定配置：

① 每套住宅应设置不少于一个照明回路。

② 装有空调的住宅应设置不少于一个空调插座回路。

③ 厨房应设置不少于一个电源插座回路。

④ 装有电热水器等设备的卫生间，应设置不少于一个电源插座回路。

⑤ 除厨房、卫生间外，其他功能房应设置至少一个电源插座回路，每一回路插座数量不宜超过10个（组）。

家居配电箱应装设能同时断开相线和中性线的电源进线开关电器，供电回路应装设短路和过负荷保护电器，连接手持式及移动式家用电器的电源插座回路应装设剩余电流动作保护器。

柜式空调的电源插座回路应装设剩余电流动作保护器，分体式空调的电源插座回路也应装设剩余电流动作保护器。

> **提示**
>
> 家居配电箱内应配置有过流、过载保护的照明供电回路、电源插座回路、空调插座回路、电炊具及电热水器等专用电源插座回路。除壁挂分体式空调器的电源插座回路外，其他电源插座回路均应设置剩余电流动作保护器，剩余动作电流不应大于30mA。
>
> 每套住宅可在电能表箱或家居配电箱处设置电源进线短路和过负荷保护，一般情况下，一处设过流、过载保护，一处设隔离器，但家居配电箱里的电源进线开关电器必须能同时断开相线和中性线。单相电源进户时应选用双极开关电器，三相电源进户时应选用四极开关电器。
>
> 空调插座的设置应根据工程需求预留。如果住宅建筑采用集中空调系统，空调的插座回路应改为风机盘管的回路。

5. 电源插座

① 每套住宅电源插座的数量应根据套内面积和家用电器的数量设置，且应符合 表1.2 的规定。

表1.2　电源插座的设置要求及数量

序　号	名　　称	设置要求	数　量
1	起居室（厅）、兼起居室的卧室	单相两孔、三孔电源插座	≥3
2	卧室、书房	单相两孔、三孔电源插座	≥2
3	厨房	IP54型单相两孔、三孔电源插座	≥2
4	卫生间	IP54型单相两孔、三孔电源插座	≥1
5	洗衣机、冰箱、油烟机、排风扇、空调、电热水器	单相三孔电源插座	≥1

注：表中序号1～4设置的电源插座数量不包括序号5专用设备所需的电源插座数量。

　　② 起居室（厅）、兼起居室的卧室、卧室、书房、厨房和卫生间的单相两孔、三孔电源插座宜选用10A的电源插座。对于洗衣机、冰箱、油烟机、排风扇、空调、电热水器等单台单相家用电器，应根据其额定功率选用单相三孔10A或16A的电源插座。

　　③ 洗衣机、分体式空调、电热水器及厨房的电源插座宜选用带开关控制的电源插座，未封闭阳台及洗衣机应选用防护等级为IP54型的电源插座。

　　④ 新建住宅建筑的套内电源插座应暗装，起居室（厅）、卧室、书房的电源插座宜分别设置在不同的墙面上。分体式空调、油烟机、排风扇、电热水器的电源插座底边距地不宜低于1.8m；厨房电炊具、洗衣机电源插座底边距地宜为1.0～1.3m；柜式空调、冰箱及一般电源插座底边距地宜为0.3～0.5m。

　　⑤ 住宅建筑所有电源插座底边距1.8m及以下时，应选用带安全门的产品。

　　⑥ 对于装有淋浴或浴盆的卫生间，电热水器电源插座底边距地不宜低于2.3m，排风扇及其他电源插座宜安装在卫生间的3区。

提示

　　电源插座的设置应满足家用电器的使用要求，尽量减少移动插座的使用。住宅家用电器的种类和数量很多，因套内面积等因素不同，电源插座的设置数量和种类差别也很大，我国尚未有统一的家用电器电源线长度的统一标准，难以统一规定插座之间的间距。为了方便居住者安全用电，只规定了电源插座的设置数量和部位的最低标准。

　　为了避免儿童玩弄插座发生触电危险，要求安装高度在1.8m及以下的插座应采用安全型插座。

6. 套内照明与照明节能

　　① 灯具的选择应根据具体房间的功能而定，并宜采用直接照明和开启式灯具。

　　② 起居室（厅）、餐厅等公共活动场所的照明应在屋顶至少预留一个电源出线口。

　　③ 卧室、书房、卫生间、厨房的照明宜在屋顶预留一个电源出线口，灯位宜居中。

　　④ 卫生间等潮湿场所，宜采用防潮易清洁的灯具；卫生间的灯具位置不应安装在0、1区内及上方。装有淋浴或浴盆的卫生间照明回路，宜装设剩余电流动作保护器，灯具、浴霸开关宜设置于卫生间门外。

　　⑤ 起居室、通道和卫生间照明开关，宜选用夜间有光显示的面板。

　　⑥ 直管形荧光灯应采用节能型镇流器，当使用电感式镇流器时，其能耗应符合现行国家标准《管形荧光灯镇流器能效限定值及节能评价值》GB 17896 的规定。

　　⑦ 有自然光的门厅、公共走道、楼梯间等的照明，宜采用光控开关。

　　⑧ 住宅建筑公共照明宜采用定时开关、声光控制等节电开关和照明智能控制系统。

 知识窗 ···

家居照明的四大误区

在我们的日常生活中，照明是不可或缺的一个重要部分。家居照明不仅可以为我们带来明亮的室内环境，还可以点缀不同的室内区域，通过不同的搭配来营造多样化的家居风格。对于不同照明需求的用户，通过不同灯具的配合可以实现多样化的照明效果，甚至不同灯具的开闭都可以打造出个性十足的照明，为我们添加生活的温馨和趣味。

不过，如此重要的照明却不是简单的点亮或者好看就行。在家居照明中存在着一些误区，如果只按照照明效果来安排灯具照明的话，不仅会浪费电能，甚至会对我们的生活造成影响，这些误区也应该在设置灯具时予以避免。

误区一：家居环境照明亮度过高或过低

室内照明的亮度直接决定室内的照明环境。太暗的环境不利于我们辨别物体和环境，但太亮的照明也会对我们的生活造成影响。

对于家居照明来说，不同的功能区需要的亮度是不一样的。客厅需要接待客人，提供整体的明亮环境；书房要对阅读提供明亮的环境；餐厅则对用餐的环境提供照明，这些环境都需要较高的亮度。

卧室的主要功能是提供休息，其亮度不应该过高，这样可以营造更加适合休息的环境。厨房和卫生间对照明的要求不高，也可以使用亮度较柔和的灯具来提供照明。

此外还应该注意，虽然不同空间适合使用不同的亮度，但是不同的房间也不要有太大的明暗变化，当我们的视线在不同亮度中切换时，眼睛肌肉需要调节来适应环境，大的明暗变化容易引起视觉疲劳。这样我们在进入不同房间时也不会有不适的感觉。

总体来看，室内照明的光线亮度应该保持柔和均匀，在客厅、书房及餐厅提供较高的亮度，而在卧室、厨房和卫生间提供较低的亮度，不同的亮度也不要有大的差别，这样可以为我们营造合适且不浪费能源的照明环境。

误区二：家居环境过多使用暖色光

室内照明采用的光色不一样，也会带来截然不同的照明环境。一般偏黄色的光为暖色光，可以为我们带来温馨舒适的照明环境，偏蓝色的光为冷色光，可以帮助我们集中精神，提高注意力。

有很多读者认为，家居环境主要是休息和娱乐的空间，需要使用暖色光来营造温馨的环境，其实这样做是不合适的。暖色光的确可以为我们提供较为温馨的照明环境，但是其色温较低，不利于学习和阅读等工作，因此不能过多地使用暖色光。

根据使用功能不同，室内空间使用的光色也不尽相同。客厅、书房和厨房需要光线来集中注意力，使用中性白的光色较为合适，而卧室和卫生间则需要为我们的休息提供舒适的环境，使用暖色光更为适宜。

在选择灯具时，我们要注意在包装上标注的光色是冷色还是暖色，以便我们在家居环境中合理使用，用户也可以根据灯具的色温值来辨别产品，色温在3300K以下的为暖色光，3300～5300K为中性白，5300K以上为冷色光。

误区三：明暗和色彩对比过于强烈

说到室内环境的对比过于强烈，很多人都知道在不同房间内的照明环境不宜有太大的对比，不过即使是在同一个房间内，也有照明对比强烈的误区存在，容易被我们忽视。

现代家居中的客厅会设计电视墙，有些家庭会在电视墙一侧安装射灯，在夜间看电视时只打开射灯以追求视觉效果，不过这样会带来电视墙和周围环境的明暗对比，长时间会影响视觉感受。

有些人在看书学习时多借助台灯照明而关闭主照明，认为这样可以省电。虽然确实可以省电，不过这样更容易导致视觉疲劳的加剧，从而影响人们的视力健康，反而得不偿失。

在卧室设置一盏台灯，可以为我们夜间起床提供方便，也可以在床上舒服地看书或者使用手机，不过台灯的亮度不易过高，这样在夜间就不会有刺眼的照明，对我们的休息也有重要作用。可以选择有亮度调节功能的台灯，这样更适合在卧室中使用。

整体来看，无论是大的室内环境，还是同一个空间中，都不应该出现明暗对比明显的环境。从长远角度来讲，均匀的照明才是舒适环境的重要组成部分。

📝 误区四：追求效果的灯光色彩太多

不同色彩的灯光可以反映主人的个性和审美，也能够打造不同的家居环境。但是，太多的色彩往往会适得其反，不仅没有鲜明的个性，也会让我们在这样的照明环境中感到不适。

有些家庭在选用灯具时，喜欢色彩斑斓的感觉，或者为了追求高端大气的效果，在室内安装了多种颜色的灯具，在需要时可以将室内照亮成五光十色的环境。虽然看起来或许很奢华，但是在实际使用中，杂乱的光色对我们的视力有影响，也会影响我们的正常生活，容易产生光污染。

其实，家居环境中的颜色只要有一种主色调即可，颜色不用过多，也无需大费周章地布置灯具，不同房间的颜色和色温也应该协调统一。

总的来说，家居照明的安排有各种误区，需要我们用心安排来避免。只要遵循科学合理进行设置，就可以让灯具照亮我们健康舒适的生活，为我们的家居环境增光添彩。

7. 等电位联结

① 住宅建筑应做总等电位联结，装有淋浴或浴盆的卫生间应做局部等电位联结。

② 局部等电位联结应包括卫生间内金属给水排水管、金属浴盆、金属洗脸盆、金属采暖管、金属散热器、卫生间电源插座的PE线以及建筑物钢筋网。

③ 等电位联结线的截面积应符合表1.3的规定。

表1.3　等电位联结线截面积要求

	总等电位联结线截面积	局部等电位联结线截面积	
最小值	6mm²①	有机械保护时	2.5mm²①
		无机械保护时	4mm²①
	5mm²③	16mm²③	
一般值	不小于最大PE线截面积的1/2		
最大值	25mm²②		
	100mm²③		

① 为铜材质，可选用裸铜线、绝缘铜芯线。
② 为铜材质，可选用铜导体、裸铜线、绝缘铜芯线。
③ 为钢材质，可选用热镀锌扁钢或热镀铸圆钢。

> **提示**
>
> 　　"总等电位联结"是用来均衡电位，降低人体受到电击时的接触电压，是接地保护的一项重要措施。"局部等电位联结"是为了防止出现危险的接触电压。
>
> 　　尽管住宅卫生间目前多采用铝塑管、PPR等非金属管，但考虑住宅施工中管材更换、住户二次装修等因素，还是要求设置局部等电位接地或预留局部接地端子盒。

8. 接　地

住宅建筑各电气系统的接地宜采用共用接地网。接地网的接地电阻值应满足其中电气系统最小值的要求。

住宅建筑套内下列电气装置的外露可导电部分均应可靠接地：

① 固定家用电器、手持式及移动式家用电器的金属外壳。

② 家居配电箱、家居配线箱、家居控制器的金属外壳。

③ 线缆的金属保护导管、接线盒及终端盒。

④ Ⅰ类照明灯具的金属外壳。

接地干线可选用镀锌扁钢或铜导体，接地干线可兼作等电位联结干线。

 提示

为了保障人身安全，家用电器外露可导电部分均应可靠接地。目前，家用电器如空调、冰箱、洗衣机、微波炉等，产品的电源插头均带有保护极，将带保护极的电源插头插入带保护极的电源插座里，家用电器外露可导电部分视为可靠接地。

采用安全电源供电的家用电器其外露可导电部分可不接地。如笔记本电脑、电动剃须刀等，因产品自带变压器将电压已经转换成了安全电压，对人身不会造成伤害。

9. 有线电视系统

① 住宅建筑应设置有线电视系统，并且有线电视系统宜采用当地有线电视业务经营商提供的运营方式。

② 每套住宅的有线电视系统进户线不应少于1根，进户线宜在家居配线箱内做分配交接。

③ 住宅套内宜采用双向传输的电视插座。电视插座应暗装，且电视插座底边距地高度宜为 0.3 ~ 1.0m。

④ 每套住宅的电视插座装设数量不应少于1个。起居室、主卧室应装设电视插座，次卧室宜装设电视插座。

⑤ 住宅建筑有线电视系统的同轴电缆宜穿金属导管敷设。

 提示

有线电视系统三网融合后，光缆进户需进行光电转换，电缆调制解调器（CM）和机顶盒（STB）功能可二合一，设备可单独设置也可设置在家居配线箱里。

电视插座面板由于三网融合的推进可能会发生变化，本书里的电视插座还是按86系列面板预留接线盒。

10. 电话系统

① 住宅建筑的电话系统宜使用综合布线系统，每套住宅的电话系统进户线不应少于 1 根，进户线宜在家居配线箱内做交接。

② 住宅套内宜采用 RJ45 型电话插座。电话插座应暗装，且电话插座底边距地高度宜为 0.3 ~ 0.5m，卫生间的电话插座底边距地高度宜为 1.0 ~ 1.3m。

③ 电话插座线缆宜采用由家居配线箱放射方式敷设。

④ 每套住宅的电话插座装设数量不应少于2个。起居室、主卧室、书房应装设电话插座，次卧室、卫生间宜装设电话插座。

 提示

通信系统三网融合后，光缆可进户也可到桌面，为维护方便，进户线宜在家居配线箱内做交接。

11. 信息网络系统

① 住宅建筑应设置信息网络系统，信息网络系统宜采用当地信

息网络业务经营商提供的运营方式。

② 住宅建筑的信息网络系统应使用综合布线系统，每套住宅的信息网络进户线不应少于1根，进户线宜在家居配线箱内做交接。

③ 每套住宅内应采用RJ45型信息插座或光纤信息插座。信息插座应暗装，信息插座底边距地高度宜为0.3～0.5m。

④ 每套住宅的信息插座装设数量不应少于1个。书房、起居室、主卧室均可装设信息插座。

> 💡 **提示**
>
> 　　住宅建筑目前安装的电话插座、电视插座、信息插座（电脑插座），功能相对来说比较单一，随着物联网的发展、三网融合的实现，住宅建筑里电视、电话、信息插座的功能也会多样化，信息插座不仅仅是提供计算机上网的服务，还能提供家用电器远程监控等服务。
>
> 　　三网融合后住宅套内的电话插座、电视插座、信息插座功能合一，设置数量也会合一。

12. 家居配线箱

① 每套住宅应设置家居配线箱。家居配线箱宜暗装在套内走廊、门厅或起居室等便于维修维护处，箱底距地高度宜为0.5m。

② 距家居配线箱水平0.15～0.20m处应预留AC 220V电源接线盒，接线盒面板底边宜与家居配线箱面板底边平行，接线盒与家居配线箱之间应预埋金属导管。

家居配线箱三网融合前的接线示意图如图1.1所示。图中只画出了家居配线箱最基本的配置接线，未画出与能耗计量及数据远程传输系统有关的连接。

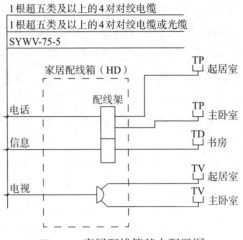

图 1.1　家居配线箱基本配置图

> **提示**
>
> 　　家居配线箱是指住宅套（户）内数据、语音、图像等信息传输线缆的接入及匹配的设备箱，即弱电箱。
>
> 　　家居配线箱不宜与家居配电箱上下垂直安装在一个墙面上，避免竖向强弱电管线多、集中、交叉。家居配线箱可与家居控制器上下垂直安装在一个墙面上。

13. 家居控制器

① 智能化的住宅建筑可选配家居控制器。

② 家居控制器宜将家居报警、家用电器监控、能耗计量、访客对讲等集中管理。

③ 家居控制器的使用功能宜根据居民需求、投资、管理等因素确定。

④ 固定式家居控制器宜暗装在起居室便于维修维护处，箱底距地高度宜为 1.3 ~ 1.5m。

提示

家居控制器是指住宅套（户）内各种数据采集、控制、管理及通信的控制器。家用电器的监控包括：照明灯、窗帘、遮阳装置、空调、热水器、微波炉等的监视和控制。

14. 家庭安全防范系统

家庭安全防范系统主要包括访客对讲系统、紧急求助报警装置和入侵报警系统。

（1）访客对讲系统。

① 主机宜安装在单元入口处防护门上或墙体内，室内分机宜安装在起居室（厅）内，主机和室内分机底边距地宜为1.3～1.5m。

② 访客对讲系统应与监控中心主机联网。

（2）紧急求助报警装置。

① 每户应至少安装一处紧急求助报警装置。

② 紧急求助信号应能报至监控中心。

③ 紧急求助信号的响应时间应满足国家现行有关标准的要求。

（3）入侵报警系统。

① 可在住户套内、户门、阳台及外窗等处，选择性地安装入侵报警探测装置。

② 入侵报警系统应预留与小区安全管理系统的联网接口。

1.1.2 家居电气配置的一般要求

家居室内装饰电气配置主要包括单相入户配电箱表后的室内电路布线及开关、插座、灯具等强电部分，以及电视信号、电话信号、宽带网络信号、安防控制等弱电部分。根据有关规定，结合近年来住宅室内装饰的流行趋势，住宅电气配置的一般要求如下：

① 每套住宅进户处必须设嵌墙式室内配电箱。室内配电箱应设

置电源总开关，该开关能同时切断相线（俗称火线）和中性线（俗称零线），且有断开标志，如图1.2所示。

图1.2 室内配电箱

室内配电箱内的电源总开关应采用两极开关，总开关容量选择不能太大，也不能太小；要避免出现与分开关同时跳闸的现象。

② 家居电气开关、插座的配置应能够满足需要，并对未来家庭电气设备的增加预留有足够的插座。

开关插座安装不当，可以说是大部分家庭装修时出现的遗憾。家居开关插座规划即确定其安装数量和安装位置，可以综合三个方面来考虑。首先，考虑房屋各空间的功能，确定各个空间的功能，如卧室、书房、客厅、影音室等；第二，考虑主要电器、家具的摆放位置和大致尺寸，如橱柜、电视、冰箱、洗衣机等；第三，就是要考虑家人的生活习惯和需求，例如，如果要安装智能马桶，马桶位置边就要设置开关插座。

家居各个房间可能用得到的开关、插座数量见表1.4。

表1.4 家居各个房间可能用得到的开关和插座

房 间	开关或插座名称	数量（个）	说 明
主卧室	双控开关	2	主卧室吸顶灯采用双控开关非常必要，这个钱不要省，尽量每个卧室的吸顶灯都采用双控开关来控制
	5孔10A插座	4~5	两个床头柜处各1个（用于台灯或落地灯）、电视电源插座1个、备用插座1个

续表1.4

房　间	开关或插座名称	数量（个）	说　明
主卧室	3孔16A插座	1	如果空调插座没有采用单独回路供电，最好是采用带开关的3孔16A插座；如果空调插座采用单独回路供电，则没必要带开关，空调停用后将断路器关掉即可
	有线电视插座	1	—
	电话及信息插座	各1	—
次卧室	双控开关	2	控制次卧室顶灯
	5孔10A插座	3	2个床头柜处各1个、备用插座1个
	3孔16A插座	1	用于空调供电
	有线电视插座	1	—
	电话及信息插座	各1	—
书房	单联开关	1	控制书房顶灯
	5孔10A插座	3～5	台灯、计算机、备用插座（在书桌上配置多功能移动插座，可方便使用打印机、有源音箱等其他电气设备）
	电话及信息插座	各1	—
	3孔16A插座	1	用于空调供电
客厅	双控开关	2	用于控制客厅吸顶灯（有的客厅距入户门较远，每次关灯要跑到门口，所以做成双控的会很方便）
	单联开关	1	用于控制玄关吸顶灯
	5孔插座	7	电视机、饮水机、DVD、鱼缸、取暖器等插座
	3孔插座16A	1	用于空调供电
	有线电视插座	1	—
	电话及信息插座	各1	—

续表1.4

房 间	开关或插座名称	数量（个）	说 明
厨房	单联开关	2	用于控制厨房顶灯、餐厅顶灯
	5孔插座	3	电饭锅及备用插座
	3孔插座	3	油烟机、豆浆机及备用插座
	一开3孔10A插座	2	用于控制小厨宝、微波炉
	一开3孔16A插座	2	用于电磁炉、烤箱供电
	一开5孔插座	1	备用
餐厅	单联开关	3	用于控制灯带、吊灯、壁灯
	3孔插座	1	用于电磁炉
	5孔插座	2	备用
阳台	单联开关	2	用于控制阳台顶灯、灯笼照明
	5孔插座	1	备用
主卫生间	单联开关	2	用于控制卫生间顶灯、镜前灯
	一开5孔插座	2	用于洗衣机、吹风机供电
	一开3孔16A插座	1	用于电热水器供电（若使用天然气热水器可不考虑安装一开3孔16A插座）
	防水盒	2	用于洗衣机和热水器插座（因为卫生间比较潮湿，用防水盒保护插座，比较安全）
	电话插座	1	—
	浴霸专用开关	1	用于控制浴霸、换气扇
次卫生间	单联开关	2	用于控制卫生间顶灯、镜前灯
	一开5孔插座	1	用于吹风机供电
	防水盒	1	用于吹风机插座
	电话插座	1	—

房 间	开关或插座名称	数量（个）	说 明
走廊	双控开关	2	用于控制走廊顶灯，如果走廊不长，一个普通单开即可
楼梯	双控开关	2	用于控制楼梯灯
备注	插座要多装，宁滥勿缺。墙上所有预留的开关插座，如果用得着就装，用不着的就装空白面板（空白面板简称白板，用来封闭墙上预留的查线盒，或弃用的开关、插座孔），千万别堵上		

③ 插座回路必须加漏电保护。电源插座所接的负荷基本上都是人手可触及的移动电器（吸尘器、电热取暖炉、落地或台式风扇）或固定电器（电冰箱、微波炉、电热水器和洗衣机等）。当这些电器设备的导线受损（尤其是移动电器的导线）或人手触及电器设备的带电外壳时，就有电击危险。为此，除挂壁式空调电源插座外，其他电源插座均应设置漏电保护装置。

④ 阳台应设人工照明。阳台装置照明，可改善环境、方便使用。尤其是封闭式阳台设置照明十分必要。阳台照明线宜穿管暗敷。特殊情况下也可以用护套线明敷。

⑤ 应设有线电视系统，其设备和线路应满足有线电视网的要求。

⑥ 每户电话进线不应少于二对，其中一对应通到电脑桌旁，以满足上网需要。

⑦ 电源、电话、电视线路应采用阻燃型PVC塑料管暗敷。电话和电视等弱电线路也可采用钢管保护，电源线采用阻燃型PVC塑料管保护。

⑧ 电气线路应采用符合安全和防火要求的敷设方式配线。导线应采用铜芯线。

⑨ 供电线路铜芯线的截面积应满足要求。由电能表箱引至住户配电箱的铜导线截面积不应小于$10mm^2$，住户配电箱的照明分支回路的铜导线截面积不应小于$2.5mm^2$，空调回路的铜导线截面积不应小于$4mm^2$。

⑩ 防雷接地和电气系统的保护接地是分开设置的。

基于上述要求，某二室二厅电气配置情况如图1.3所示。

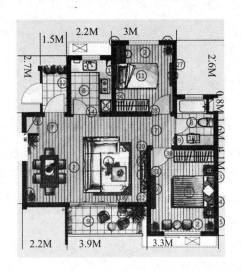

① 客厅吸顶灯	⑬ 三位双开	㉕ 5孔
② LED灯带或T5一体化支架	⑭ 一位单开	㉖ 16A空调插座
③ 餐吊灯	⑮ 一开5孔	㉗ 电视+信息+5孔+5孔
④ 台灯	⑯ 5孔	㉘ 一位单开+一位双开
⑤ 落地灯	⑰ 5孔	㉙ 二位单开+5孔
⑥ 天花板灯	⑱ 一位单开	㉚ 一位单开+一位双开
⑦ 筒灯	⑲ 5孔	㉛ 电视+信息+5孔+5孔
⑧ 厨卫灯或防雾筒灯	⑳ 三位双开	㉜ 16A空调插座
⑨ 防水吸顶灯	㉑ 电视+信息+5孔+5孔	㉝ 5孔
⑩ 镜前灯	㉒ 16A空调插座	㉞ 一位双开
⑪ 吸顶灯	㉓ 信息+电话+5孔	㉟ 信息+电话+5孔
⑫ 人感	㉔ 一位双开	

图1.3　某二室二厅电气配置图

1.1.3　家居电气配置方案的制定

1. 新房电路改造方案制定要点

（1）精装修房。

目前，新住宅精装修房的强电配电系统是完善的，照明插座、空调等回路完全分离，能保证正常家庭用电负荷；弱电，包括网络、电话、电视等都已入户，甚至各个房间都已布置了完整的弱电线路，部分房屋弱电线路只接到客厅或卧室，需要做进一步延伸工作，在装修时不需要太多改变，如图1.4所示。

床头开关去哪儿了?

图1.4　精装修房电路改造

（2）清水房。

绝大多数新住宅清水房（又称为毛坯房）开发商提供的强电、弱电已经分别敷设在户内的强电箱和弱电箱。室内线路一切都要从零开始，开关、插座安装在什么位置、线路走向等需要进行全新设计，开槽布线，如图1.5所示。

图1.5　清水房电气改造

（3）二手房（旧房）。

1995年之前的老房子一般不会使用铜芯线，而是容易老化的铝线。如果旧房子使用的是铝芯线，一定要拆掉，因为铝芯线已不能适应现代家庭用电的需要。拆掉旧线后，换上铜芯线。

旧房改造装修时，很多家庭都会因为增加插座或改变房间功能等原因而进行局部电路改造，电线通常都会经过地面，而国家规定地面是不允许开凿的，这需要对地面进行垫高、找平，用找平层把管线埋在地面，再铺地板。

二手房弱电改造往往是颠覆性的，需要重新设计布线。二手房电气改造如图1.6所示。

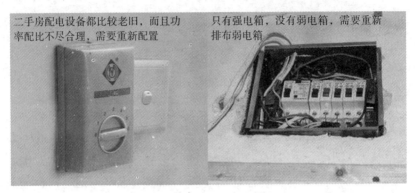

二手房配电设备都比较老旧，而且功率配比不尽合理，需要重新配置

只有强电箱，没有弱电箱，需要重新排布弱电箱

图1.6　二手房电气改造

2. 重点空间电气设备配置

家居重点空间电气设备配置见表1.5。

表1.5　家居重点空间电气设备配置

序　号	空　间	电气设备配置	
		一般设备	选择性设备
1	客厅	电视机电源及电视端口、空调电源、网络及电源、电话端口、沙发两边电源等	家庭影院、视频共享、投影、卫星电视、电动窗帘、吊顶造型照明电源，安防、灯光控制、智能控制系统等
2	厨房	电饭煲、微波炉、油烟机，某些需要电源的灶台、操作台、水盆下备用电源，热水器电源等	烤箱、消毒柜、冰箱、洗衣机、软（净）水机电源、厨宝、洗碗机、橱柜灯电源等
3	浴室	浴霸、镜前灯、排风扇、吹风机电源，电热水器电源、洗衣机电源等	电话、背景音乐等

序　号	空　间	电气设备配置	
		一般设备	选择性设备
4	卧室	床头备用电源、电话、电视、空调等	灯光双控、网络及电源、壁灯、视频共享、窗帘控制、卫星电视等
5	书房	网络及电源、电话、备用插座等	背景音乐、电视及电源、视频共享、电动窗帘等
6	阳台	照明灯电源	网络及电源、背景音乐

 提示

　　不同居室空间设备电源不同，可根据实际情况变动。以上设备说明只是针对居室空间正常用途所列，难免有多余的或遗漏项目。

1.1.4　家居配电方式的设计

1. 家居用电负荷分析

　　现行国家标准规定，一般两居室住宅用电负荷为4000W，相应的电能表规格为10（40）A，进户铜导线截面积不应小于10mm²，空调用电、照明与插座、厨房和卫生间的电源插座应该分别设置独立的回路。

　　根据资料介绍的经验值，我国住宅电气设计住户的单位面积计算负荷大致为：近期每m²为35W，远期每m²为90W。按照这个预期的标准来计算，100m²的房型已经达到了9kW的用电负荷。

　　房型大小、家庭常住人口多少、家庭成员的职业、家庭总体经济收入水平、家用电器的类型及多少、居住环境及气候等因素都会影响家庭用电负荷的大小。

　　在计算家庭用电负荷时，可以把几个经常同时使用电器的最大功率加起来，看一看到底有多少负荷。并根据电器不同的用途，合理考虑电器的分布情况。然后根据不同的需要，对配电箱的设计做出相应的调整和布局，使配电箱的使用更合理、更安全，最终达到安全用电的目的。

 知识窗 ··

家用电器的分类

常用家用电器按照功率的大小，一般可分为三个类型，见表1.6。

表1.6　家用电器按照功率大小分类

类 型	常用电器	负荷大致范围
小功率电器	电视机、电冰箱、洗衣机、电扇、排风扇、油烟机、组合音响、照明灯具等	300~700W
中型功率电器	电吹风、微波炉、电饭煲、电熨斗、电烤箱、电热毯、吸尘器、电暖器等	700~1200W
大功率电器	空调机、电热水器、烧烤微波炉、电磁炉、暖风机、浴霸等	1500~2500W

2. 配电回路设计

家居配电回路有少回路和多回路之分。目前，主要采用多回路配电方式，见表1.7。

表1.7　家居多回路配电的方式

配电方式	配电系统图	说　明
多回路按房间配电		优点是比较省线和省工缺点是一个房间里有大功率的电器也有小功率的电器，断路器配备必须按功率大的电器配，某一电器出了问题就有一定的安全隐患

配电方式	配电系统图	说　明
多回路按功能配电	DZ47LE/2P 63A DZ30-32　32A　插座 DZ30-32　25A　空调（柜式） DZ30-32　20A　空调 DZ30-32　20A　空调 DZ30-32　20A　空调 DZ30-32　20A　厨房 DZ30-32　16A　卫生间 DZ30-32　16A　卫生间 DZ30-32　16A　影视 DZ30-32　10A　照明	这是目前的主流配电方式，优点很多，例如，便于回路控制，故障检修方便等 　　缺点就是多用线、多费工

家居配电回路设计的一般方法如下：

① 一室一厅：空调回路2个、厨房1个、卫生间1个、插座1个、照明1个、共计6个。

② 两室一厅：空调回路3个、厨房1个、卫生间1个、卧室插座1个、客厅插座1个、照明1个，共计8个。

③ 三室两厅：空调回路4个、厨房1个、卫生间2个、卧室插座1个、客厅插座1个、照明客厅、卧室各1个、共计11个。

④ 四室两厅：空调回路5个、厨房1个、卫生间2个、卧室插座1个、空调插座1个、照明客厅、卧室各1个、共计12个。

3. 室内配电箱的规划与设计

现代住宅中，每户都有一个室内配电箱，担负着住宅内的供电、配电任务，并具有过流保护和漏电保护功能。住宅内的电路或某一电器如果出现问题，配电箱将会自动切断供电电路以防止出现严重后果。

住宅配电箱宜暗装在室内走廊、门厅或起居室等便于维修维护的墙体内，箱底距地高度宜为0.5m以上，外面仅可见其面板。住宅室内配电箱由三个电气单元组成，见表1.8。

表1.8　住宅室内配电箱的组成

序　号	电气单元	功能说明
1	电源总闸单元	控制入户总电源，拉下电源总闸即可同时切断入户的交流220V相线和零线
2	漏电保护单元	漏电保护装置通常用于插座回路，当户内线路或电器发生漏电，为了防止有人触电，漏电保护器会迅速切断电源（厨房、卫生间必须安装电流动作型漏电保护器，动作时间小于3s，动作电流小于30mA）
3	回路控制单元	室内用电由多个回路组成，每一个断路器控制一个回路的电源通断

 提示

　　由于各家各户用电情况及布线方式上的差异，配电箱规划不可能有个定式，只能根据实际需要而定。一般照明、插座、容量较大的空调或用电器各为一个回路，而一般容量的空调可设计两个或一个回路。当然，也有厨房、空调（无论容量大小）各占一个回路的，并且在一些回路中安排漏电保护装置。

　　住宅配电箱一般有6、7、10个回路（箱体，还有更多的），在此范围内安排断路器的规格及数量。究竟选用何种箱体，应考虑家用电器功率大小、布线等，并且还必须考虑总容量在电能表的最大容量之内（目前家用电能表一般为10～40A）。

1.1.5　家居断路器容量的设计

1. 总开关断路器容量的设计

　　家居的总开关应根据家庭用电器的总功率来选择，而总功率是各分路功率之和的0.8倍，即

$$P_\text{总} = (P_1 + P_2 + P_3 + \cdots + P_n) \times 0.8 \; (\text{kW})$$

总开关承受的电流应为

$$I_{总} = P_{总} \times 4.5 \text{（A）}$$

式中，$P_{总}$为总功率（容量）；P_1、P_2、$P_3 \cdots P_n$为分路功率；$I_{总}$为总电流。

 提示

开发商交房时安装的断路器一般是按建筑面积来设计的，$60m^2$以下 $10 \sim 16A$，$60 \sim 100m^2$ 是 $16 \sim 20A$，$100 \sim 140m^2$ 是 $20 \sim 25A$，$140 \sim 200m^2$ 的使用 $25 \sim 32A$，以上这些都是单相进户线，配的都是单相断路器。

其实，最好是算出家用电器的总容量（总功率），照明灯不算在内。

如果家庭的单相总功率超过10kW，进户线要使用三相电。这种情况一般出现在别墅及有特殊用途的住宅。

单相断路器国家标准最大额定电流是63A。

2. 分路开关断路器的设计

分路开关的承受电流为

$$I_{分} = 0.8P_n \times 4.5 \text{（A）}$$

空调回路要考虑到启动电流，其开关容量为

$$I_{空调} = （0.8P_n \times 4.5）\times 3 \text{（A）}$$

配电回路要根据功能及区域来划分。一般来说，分路的容量选择在1.5kW以下，单个用电器的功能在1kW以上的建议单列为一分回路（如空调、电热水器、取暖器等大功率家用电器）。

1.1.6 弱电布线的规划

1. 弱电系统支路的分配

目前，弱电系统布线一般采用星形拓扑布线，即采用并联方式布线。不同弱电线路应分开布线。弱电系统支路的一般分配方法如下：

① 一室一厅：网线2路、电话线2路、闭路电视信号线2路，共

计6路。

② 两室一厅：网线3路、电话线3路、闭路电视信号线3路，共计9路。

③ 三室两厅：网线4路、电话线4路、闭路电视信号线4路，共计12路。

④ 四室两厅：网线5路、电话线5路、闭路电视信号线5路，共计15路。

 提示

上面介绍的支路分配方法适合于多数家庭，如果业主有特殊要求，可以增加或减少支路的数量。

2. 有线电视线路规划

家庭有线电视布线可采取星形布线法（集中分配），多台电视机收看有线电视节目时，采用视频信号分配盒，把进户信号线分配成相应的分支，如图1.7所示。

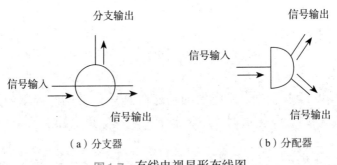

（a）分支器　　　　　　　　　（b）分配器

图1.7　有线电视星形布线图

现代家居装修，一般要求电视电缆暗敷设。其电缆一般采用SKY75-5型同轴电缆，单独穿一根PVC20电线管敷设。如果使用分配器，分配器应放在预埋盒中，电缆也应穿管铺设，以便检修。安装多台电视机时，不能采用串接用户盒的方法，以免造成信号衰减太大，影响收看。图 1.8 所示为某家庭有线电视布线图。

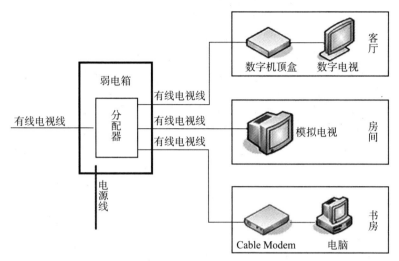

图1.8 某家庭有线电视布线图

💡 **提示**

近年来，随着有线电视信号数字化的飞速发展，数字机顶盒成为家庭多媒体信号源的中心。人们不可能在每间房间的有线电视端口都配置一台价格较贵的数字机顶盒。所以，除了常规布设的同轴电缆外，有条件的话，还要增设音、视频线缆及双绞线，并配置相应的接线端口，以充分地利用有线电视网络的附加使用功能。

---

3. 家庭电话线路规划

电话线一般采用星形布线法。一般用户家中的布线方式大约可分为总线式和分线式。这两种布线方式正确设置分离器后的方法如图 1.9 所示。

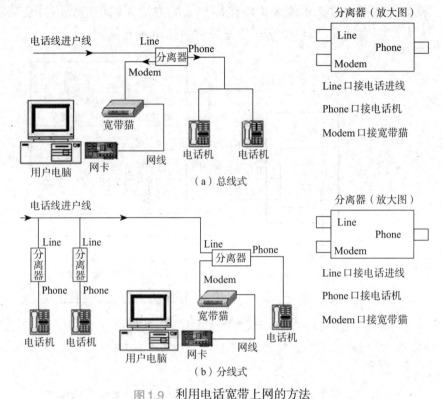

图1.9　利用电话宽带上网的方法

 提示

　　分线式因在一条线路上存在多个抽头和并接多个分离器，会对信号有一定影响，因此总线式要比分线式更加稳定，推荐在布放电话线路时尽量使用总线式。

4. 网络布线的规划

　　家庭中的网络传输同样采用星形布线法，宽带入户后经信息箱（布线箱）或家用交换机向居室中所有的信息终端辐射。合理确定网络布线的走向，既满足就近原则，还要避免强电电路对其的电磁干扰。

理想的家居网络布线结构如图1.10所示。如果信息箱较大且布线较完善，可以把ADSL Modem（宽带路由器）放入信息箱，使得整个家庭网络结构简单清晰。

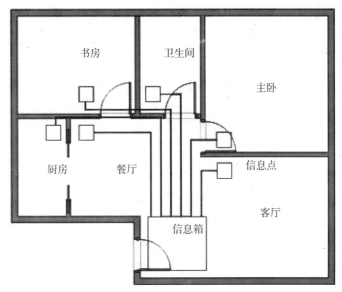

图1.10　理想的家居网络布线结构图

　　（1）客厅。

　　一般情况下，客厅只需设置电话线和有线电视线。若要开通IPTV（交互式网络电视），通常首选客厅，所以需要设置网络节点。

　　（2）书房。

　　一定要设置电话线和网络线，可以考虑设置IPTV节点，若把该房间作为客卧，需要设置有线电视线。

　　（3）主卧。

　　一定要设置电话线和有线电视线。若要看IPTV，则需要设置网络节点。

　　典型ADSL和IPTV布线结构如图1.11所示。

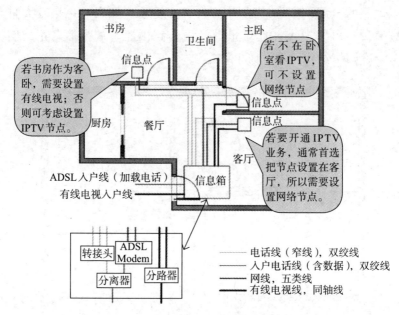

图 1.11 家庭典型 ADSL 和 IPTV 布线

1.2 电气线材的选用

1.2.1 室内配电线的选用

1. 单芯线和多芯线的选用

按照国际标准的规定，家庭室内装修必须使用铜芯线。铜芯线有单芯线（硬线）和多芯线（软线）之分，如图 1.12 所示。常见的规格有 $1.5mm^2$、$2.5mm^2$、$4mm^2$、$6mm^2$、$10mm^2$ 这几种。

图 1.12 单芯线和多芯线

① 单芯线是一根较硬的铜线，在多根同时穿管时，由于硬度较高，不容易转弯。一般来说，4mm²以下的电线可考虑选用单芯线。

② 多芯线是多股较软的铜线，在多根同时穿管时，由于硬度较低，容易转弯。一般来说，6mm²及以上的电线可考虑选用多芯线。

提示

合格的铜芯线的使用寿命一般为15年。

2. 导线截面积的选用

一般来说，铜芯线的安全载流量为 $5 \sim 8 A/mm^2$，例如，$2.5mm^2$BVV铜芯线安全载流量的推荐值为 $2.5 \times 8 A/mm^2 = 20A$，$4mm^2$BVV铜芯线安全载流量的推荐值为 $4 \times 8 A/mm^2 = 32A$。

考虑到导线在长期使用过程中要经受各种不确定因素的影响，一般可按照以下经验公式估算导线截面积。

导线截面积（mm^2）$\approx I/4$（A）

例如，某家用单相电能表的额定电流最大值为40A，则选择导线为

$I/4 \approx 40/4 = 10$

即选择截面积$10mm^2$的铜芯导线。

室内装修常用铜芯线的安全载流量估算见表1.9。

表1.9 常用铜芯线的安全载流量估算

序　号	截面积（mm^2）	安全载流量（A）
1	1	5
2	2.5	28
3	4	35
4	6	48
5	10	65
6	16	91
7	25	120

在实际需要时，还要考虑到未来增加电器的可能性，所以要留足余量，5A 电流（例如，照明灯）至少选用 $1.5mm^2$ 铜芯线，这样使用安全就有保障了。

以三室一厅家庭线路为例，入户线选择 $10mm^2$ 铜芯线，客厅空调选择 $6mm^2$ 铜芯线，其余空调选择 $4mm^2$ 铜芯线，厨房、卫生间选择 $4mm^2$ 铜芯线，插座、灯电源选择 $2.5mm^2$ 铜芯线，开关线选择 $1.5mm^2$ 铜芯线，接地线选择 $1.5mm^2$ 双色铜芯线。

 提示

根据电流选择电线截面积的基本原则是：宁大勿小，留足余量。

大功率电器如果使用截面积偏小的导线，往往会造成导线过热、发烫，甚至烧熔绝缘层，引发电气火灾或漏电事故。因此，在电气安装中，选择合格、适宜的导线截面积，事关安全大事，非常重要。

3. 导线长度的估算

家装时，电线采购量的估算方法比较多，许多电工师傅都总结出了很实用的经验，下面介绍的是其中一种估算方法。

（1）确定距离。

确定门口到各个功能区（主卧室、次卧室、儿童房、客厅、餐厅、主卫、客卫、厨房、阳台 1、阳台 2、走廊）最远位置的距离，把上述距离量出来，就有 A 米、B 米、C 米、D 米、E 米、F 米、G 米、H 米、I 米、J 米、K 米，共 11 个数据。

（2）确定数量。

确定各功能区灯的数量（各个功能区同种灯具统一算成 1 盏），各功能区插座数量，以及各功能区大功率电器数量（没有用 0 表示）。

（3）计算。

一般单芯铜芯线为 $100 \pm 5m/$ 卷，根据计算结果，即可得出需采购各种电线的长度，见表 1.10。

表1.10 家装电路铜芯线采购量估算

电线规格	1.5mm² 电线长度（m）	2.5mm² 电线长度（m）	4mm² 电线长度（m）
各功能区电线长度计算	（A+5m）× 主卧灯数； （B+5m）× 次卧灯数； （C+5m）× 儿卧灯数； （D+5m）× 客厅灯数； （E+5m）× 餐厅灯数； （F+5m）× 主卫灯数； （G+5m）× 客卫灯数； （H+5m）× 厨房灯数； （I+5m）× 阳台1灯数； （J+5m）× 阳台2灯数； （K+5m）× 走廊灯数	（A+2m）× 主卧插座数； （B+2m）× 次卧插座数； （C+2m）× 儿卧插座数； （D+2m）× 客厅插座数； （E+2m）× 餐厅插座数； （F+2m）× 主卫插座数； （G+2m）× 客卫插座数； （H+2m）× 厨房插座数； （I+2m）× 阳台1插座数； （J+2m）× 阳台2插座数； （K+2m）× 走廊插座数	（A+4m）× 主卧大功率电器数量； （B+4m）× 次卧大功率电器数量； （C+4m）× 儿卧大功率电器数量； （D+4m）× 客厅大功率电器数量； （E+3m）× 餐厅大功率电器数量； （F+3m）× 主卫大功率电器数量； （G+3m）× 客卫大功率电器数量； （H+3m）× 厨房大功率电器数量； （I+2m）× 阳台1大功率电器数量； （J+2m）× 阳台2大功率电器数量； （K+2m）× 走廊大功率电器数量
总长度	上述结果之和 ×2	上数结果之和 ×3	上述结果之和 ×3

例如，某三室二厅二卫一厨房一阳台的房子，以上A，B，C，D，E，F，G，H，I，J，K的实际测量数据分别为12m，12m，15m，7m，4m，12m，4m，6m，15m，0m，8m。各功能区灯的数量都为1，各功能区插座的数量都为2，各功能区大功率电器数量都为1。根据表1-10的公式计算，其结果为：1.5mm²线需要300m（3卷），2.5mm²线需要702m（7卷），4mm²线需要351m（4卷）。

目前，新房家装一般采用铜芯单股线或铜芯多股线（用量与铜芯单股线一致），用套管敷设在墙内（暗敷设）。1.5mm²的铜芯线用于走灯线，2.5mm²的铜芯线用于开关插座，4mm²的铜芯线用于空调线等大功率的电器，双色地线用于电器的漏电保护。

如果采用铜芯单股线（BV）或BVR，以100m²的房屋面积家装为例，电线用量的大致数量见表1.11。1.5mm²花线用作接地线，1.5mm²红、蓝线用作照明线，2.5mm²用作插座线，4mm²用作空调等大功率电器插座线。

表1.11 100m²套房家装电线用量

型号规格	中档装修（卷）	中高档装修（卷）
BV1.5	3（红、蓝、花线各1卷）	4～5
BV2.5	4（红、蓝各1卷）	4～5
BV4	2（红、蓝各1卷）	2～3
BV2.5（双色线）	2	2

💡 **提示**

购买电线的数量和购买其他装修材料一样，最佳效果是不多不少，刚好够用。考虑到现场施工时业主有可能临时改变原来的设计，因此有一个重要原则：宜少不宜多。买少了可以再买，买多了却容易浪费钱财。

1.2.2　弱电线材的选用

家装弱电线路所用线材主要有音频/视频线、电话线、电视信号线和网络线等。

1.音频/视频线的选用

（1）音箱线。

音箱线由高纯度无氧铜作为导体制成，此外还有用银作为导体制成的，银线损耗很小，但价格非常昂贵，只有专业级音箱线才用到银线，普遍使用的是铜制的音箱线，如图1.13所示。

图1.13　音箱线

音箱线用于家庭影院中功率放大器和主音箱及环绕音箱的连接。

音箱线常用规格有32支、70支、100支、200支、400支、504支。这里的"支"也称"芯"，是指该规格音箱线由相应的铜丝根数所组成，如100支（芯）就是由100根铜芯组成的音箱线。芯数越多（线越粗），失真越小，音效越好。

一般来说，主音箱、中置音箱应选用200支以上的音箱线。环绕音箱用100支左右的音箱线；预埋音箱线如果距离较远，可视情况用粗一点的线。

如果需暗埋音箱线，要用PVC线管进行埋设，不能直接将音箱线埋进墙里。

（2）同轴音频线。

同轴音频线用于传输双声道或多声道信号（杜比AC-3或者DTS信号），两根为一组，每一组两芯，内芯为信号传输，外包一层屏蔽层（同时作为信号地线），芯线表皮一般区分为红色和白色，其中，红色用来接右声道，白色用来接左声道，如图1.14所示。

图1.14　同轴音频线

选择同轴音频线时主要先看其直径，过细的线材只能用于短距离设备间的连接，对于长距离传输会因线路电阻过大导致信号损耗过大（特别是高频），同时还要注意屏蔽层的致密度，屏蔽层稀疏的同轴音频线极易受到外界干扰，当然其铜质必须是无氧铜，光亮、韧性强是一个显著的特征。

（3）视频线。

视频线用于传送视频复合信号，如DVD、录像机等信号，一般和同轴音频线一同埋设，统称AV信号，这类信号线传送的是标准清晰度的视频信号。

选择这类线材时先看其直径，过细的线材只能用于短距离设备间的连接，对于长距离传输会因线路电阻过大导致信号损耗过大（特别是高频），出现重影等现象。同时还要注意屏蔽层的致密度，合格的线材屏蔽层网格光亮致密，而且有附加的铝箔层，而较差的线缆屏蔽层稀疏甚至不成网格，极易受到外界干扰，反映到画面上就会有干扰网纹。当然对铜质的要求也是无氧铜，光亮、韧性强，如图1.15所示。

图 1.15　视频线

2. 电话线的选用

电话线由铜芯线构成，芯数不同，其线路的信号传输速率也不同，芯数越多，速率越高。电话线的国际标准线径为0.5mm。

电话线常用规格有：二芯、四芯和六芯。我国的电话线网络及电话插口均为二芯，而欧美国家的电话插口多为六芯。

使用普通电话时，选用二芯电话线即可；使用传真机或者计算机拨号上网时，最好选用四芯或六芯电话线，如图1.16所示。

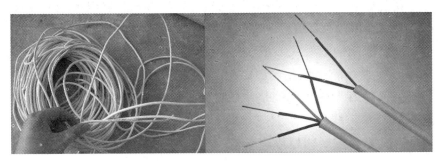

图1.16　电话线

3. 电视信号线的选用

目前，常用的电视信号线，即同轴电缆有两类：50Ω和75Ω的同轴电缆。75Ω同轴电缆常用于CATV网，故称为CATV电缆，传输带宽可达1GHz，目前常用CATV电缆的传输带宽为750MHz。50Ω同轴电缆主要用于基带信号传输，也称为基带同轴电缆，传输带宽为1～20MHz。

家庭装修应选用75-5型系列同轴电缆，如图1.17所示。这种电缆具有双向传输信号的功能，既可单向传送，又可单向接收。信号频宽很高，可以用于宽带上网。

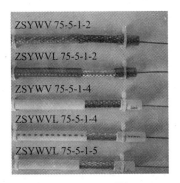
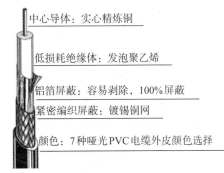

图1.17　75-5型数字电视同轴电缆

4. 网络线的选用

随着FTTB、ADSL、HFC等宽带进入小区，延伸至家庭，出现了计算机局域网，局域网内部的布线连接以及与外部以太网的连接都需要线缆传输数字信号，这就是双绞线（通常叫网络线）。

目前常用的双绞线有五类线、超五类线和六类线，如图1.18所示。五类线的标识是"CAT5"，带宽100M，适用于百兆以下的网络；超五类线的标识是"CAT5E"，带宽155M，是目前的主流产品；六类线的标识是"CAT6"，带宽250M，用于架设千兆网络，是未来发展的趋势。

（a）五类线　　　　（b）超五类线　　　　（c）六类线

图1.18　常用双绞线

目前，五类线和超五类线的价格差不多，所以家装一般选用超五类线。超五类线主要应用于10M/100M带宽局域网，它可以稳定地支持100M带宽网络的数据交换，如果线材品质上佳、布线工艺到位，那么在1000M带宽的网络也可以应用。

六类线则是1000M带宽网络的不二选择。百兆网和千兆网的区别主要体现在数据交换速度上，一般百兆网传输数据可以达到10MB/s，而千兆网传输速率可达到100MB/s，千兆网是未来发展的方向。

在布线线材规格选择上，如果对速率没有高的要求，不需要网络传输高清信号，那么选择超五类网络线即可；但如果对传输速率要求较高，或者准备用网络传送高清信号，以及想充分考虑未来的扩展，那么网络线材可以选择六类线。

另外，不同规格的网络线还有屏蔽和非屏蔽两种。屏蔽网络线多了一层金属编织屏蔽网，一般应用在电磁干扰比较强的地方（如强电场、磁场、大功率电机集中等处）。合格的超五类线本身抗干扰能力已经不错了，所以一般不必盲目追求屏蔽线。

1.2.3 断路器的选用

1.家用断路器的类型

家用断路器通常有一极（1P）、二极（2P）、DPN三类，它们又可以分为带漏电保护和不带漏电保护两大类，如图1.19所示。

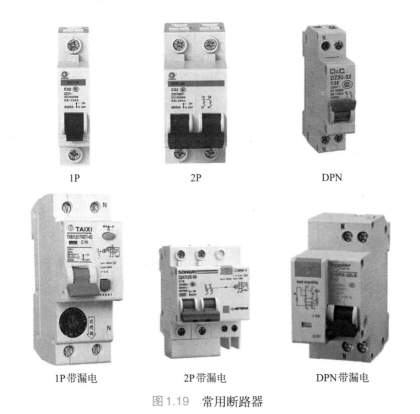

2. 断路器额定起跳电流的选择

目前，家庭装修常使用DZ系列的断路器，常见的有以下型号/规格：C16，C25，C32，C40，C60，C80，C100，C120等规格，其中C表示脱扣电流，即额定起跳电流，例如，C32表示起跳电流为32A。

断路器的额定起跳电流如果选择偏小，则易频繁跳闸，引起不必要的停电；如果选择过大，则达不到预期的保护效果。因此家装断路器正确选择额定起跳电流大小很重要。那么，一般家庭如何选择或验算总负荷电流的总值呢？

① 电风扇、电熨斗、电热毯、电热水器、电暖器、电饭煲、电炒锅等电气设备，属于电阻性负载，可用额定功率直接除以电压计算额定电流，即

$$I = \frac{P}{U} = \frac{总功率}{220V}$$

② 吸尘器、空调、荧光灯、洗衣机等电气设备，属于感性负载，具体计算时还要考虑功率因数问题，为便于估算，根据其额定功率计算出来的结果再翻一倍即可。例如，额定功率20W的日光灯的分支电流为

$$I = \frac{P}{U} \times 2 = \frac{20}{220V} \times 2 = 0.18A$$

其结果比精确计算值0.15A多0.03A。

电路总负荷电流等于各分支电流之和。知道了分支电流和总电流，就可以选择分支断路器和总闸断路器、总熔丝、电能表以及各支路电线的规格，或者验算这些电气部件的规格是否符合安全要求。

在设计、选择断路器时，要考虑到以后用电负荷增加的可能性，为以后需求留有余量。为了确保安全可靠，作为总闸的断路器的额定工作电流一般应大于2倍所需的最大负荷电流。

3. 总闸断路器和回路断路器的选择

家装配线一般是按照明回路、电源插座回路、空调回路等分开进行布线，其好处是当其中一个回路（如插座回路）出现故障时，其他回路仍可以正常供电。

家庭选配断路器的基本原则是：照明小，插座中，空调大。应根据用户的要求和装修方案的差异性，结合实际情况灵活地选择配电方案。

① 住户配电箱作为总闸的断路器一般选择双极32～63A小型断路器。

② 照明回路一般选择10～16A小型断路器。

③ 插座回路一般选择16～20A小型断路器。

④ 空调回路一般选择16～25A小型断路器。

以上选择仅供参考，每户的实际家用电器功率不一样，具体选择要以设计为准。

> **提示**
>
> ① 室内各个配电回路也可采用2P或DPN小型断路器，当回路出现短路或漏电故障时，立即切断电源的相线和中性线，确保人身安全及用电设备的安全。这样做，装修成本会有所增加。
>
> ② 插座回路必须安装漏电保护装置，防止家用电器漏电造成人身电击事故。

4.漏电断路器的选择

漏电断路器又称剩余电流动作保护器，俗称漏电保护开关，是为了防止低压配电线路中发生人身触电和漏电火灾、爆炸等事故而研制的漏电保护装置。当发生人身单相触电或设备漏电时能够迅速切断电源，使人身或设备受到保护，其实质就是一种附有漏电保护装置的自动开关。

家庭生活用电为220V/50Hz的单相交流电，故应选用额定电压为220V/50Hz的单相漏电断路器，如单极二线或二极产品。

漏电断路器漏电电流的规格主要有5，10，15，20，30，50，75，100mA等几种。家用漏电保护应选择漏电动作电流为30mA的高灵敏度型的漏电断路器。

① 潮湿场所以及可能受到雨淋或充满水蒸气的地方，如厨房、浴室、卫生间，由于这些场所危险大，所以适合在相应支路上加装动作电流较小（如10～15mA）并能在0.1s内动作的漏电断路器。

② 室内单相插座往往没有保护零线插孔，一些家用电器通常没有接零保护，所以需在室内电源进线上接入15～30mA的漏电断路器，起到安全保护作用，15mA以下漏电断路器不动作。

③ 单相漏电断路器的额定漏电分断时间主要有≤0.1s，<0.15s，<0.2s等几种，家装中应选用分断时间≤0.1s的快速型家用漏电断路器。

💡 提示

漏电断路器不是绝对能保证安全的，当人体同时触及负载侧带电的相线和零线时，人体成为电源的负载，漏电断路器不会提供安全保护。

1.2.4 开关、插座的选用

1.开关插座的规格尺寸选择

开关插座按外形规格尺寸分为86型、118型和120型，如图1.20所示。不同规格开关插座的优缺点比较见表1.12。

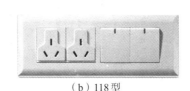

| （a）86型 | （b）118型 | （c）120型 |

图1.20 常用开关插座的规格

表1.12 不同规格开关插座的优缺点比较

	86型	118型	120型
尺寸	外观是方的，外形尺寸86mm×86mm	横装的长条开关，长尺寸分别是118mm、154mm、195mm，宽度一般都是74mm	模块以1/3为基础标准，竖装的标准120mm×74mm
优点	通用性好，安装牢固，弱电干扰小	外形美观，组合灵活，例如电话、网络、有线电视、开关、插座、调速器可以任意进行组合	可以自由组合，和118型类似
缺点	缺乏灵活性，插口少，通常要搭配拖线电源板来使用	干扰比86型差，不够牢固	干扰稍差，不够牢固

 提示

　　一般来说，在一个家庭中，只能选择一种规格的开关、插座。目前，使用最广泛的是86型。开关插座面板的规格要与底盒的规格相一致，也就是说，86型开关面板只能采用86型底盒。

　　每个品牌几乎都有不同规格尺寸的开关插座供用户选用。

2. 开关、插座的类别选择

开关可分为单控开关、双控开关、夜光开关、调光开关、插座带开关等；插座可分为电源插座和信息插座。常用开关、插座的功能见表1.13。

表1.13 常用开关、插座的功能

序 号	类 别	功能说明	图 示
1	单联开关	控制单个灯或电器的开关（常用开关有86型、118型、120型，同一套住房最好选择同一个型号的开关、插座，下同）	
2	多位开关	几个开关并列，各自控制各自的灯，也称为双联、三联或四联开关	
3	双控开关	两个开关在不同位置，可控制同一盏灯或走同一条线路	
4	夜光开关	开关上带有荧光或微光指示灯，便于夜间寻找位置	

序　号	类　别	功能说明	图　示
5	调光开关	调光开关可通过旋钮调节灯光强弱。但应注意，调光开关不能与节能灯配合使用，一般用于白炽灯泡	
6	插座带开关	可以控制插座通断电，也可以单独作为开关使用，多用于常用电器处，如微波炉、洗衣机等，还可以用于镜前灯，关闭开关即可断电，免除插拔的步骤	
7	边框、面板	组装式开关、插座，可以调换颜色，拆装方便	
8	空白面板	用来封闭墙上预留的接线盒或弃用的墙孔	
9	暗线盒	暗线盒安装于墙体内，走线前需要预埋（常用的暗线盒有86型、118型、120型）	
10	万能插座	万能插座既可插两孔插头，也可插三孔插头	

续表 1.13

序　号	类　别	功能说明	图　示
11	多功能插座	可以兼容老式的圆脚插头、方脚插头等	
12	专用插座	英式方孔、欧式圆脚、美式电话插座、带接地插座等	
13	特殊开关	包括遥控开关、声光控开关、遥感开关等	
14	信息插座	指电话、计算机、电视插座	
15	宽频电视插座	5～1000MHz，适用于个别小区高频有线电视信号	

序　号	类　别	功能说明	图　示
16	TV-FM插座	功能与电视插座一样，带有调频广播功能	
17	串接式电视插座	电视插座面板后带一路或多路电视信号分配器	

 提示

（1）快速识别10A和16A三孔插座的方法

10A三孔插座和16A三孔插座的插孔距离和大小不一样，如图1.21所示。10A插座下面两个插孔角度较小，背面标注10A字样，用16A的插头无法顺利插入；16A是壁挂式空调专用插座，插座下面两个插孔的角度较大，背面标注16A字样，用10A的插头也无法顺利插入。

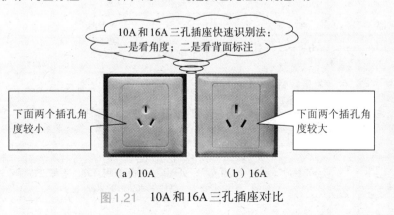

图1.21　10A和16A三孔插座对比

（2）快速识别单控开关和双控开关的方法。

从面板上看，单控开关的按钮上面印有红点，双控开关是没有红点的；从后座上看，单控开关是两个接线柱一组，双控是三个接线柱一组。单控开关和双控开关如图 1.22 所示。

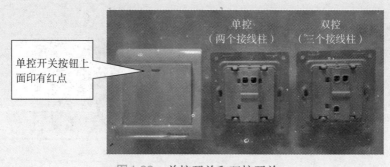

图 1.22　单控开关和双控开关

3. 开关、插座材质的选择

一个开关、插座通常可分为面板、载流器、触点、底座和拔嘴 5 个部分。材质不同质量则不同。开关、插座常用材质的对比见表 1.14。

表 1.14　开关、插座常用材质的对比

部　位	材　质	材质性能
面板	ABS（通用型工程塑料）	低档工程塑料、易变色
	聚碳酸酯（简称 PC 料，俗称防弹胶）	耐冲击性强、耐热性强、透明性高
	氨基模塑料（又称电玉粉）	绝燃、永不变色、永不磨损、热化学性强
	金属材质	采用不锈钢、铜合金、铝合金等材质，表面进行磨砂或拉丝处理后，外观豪华大方，手感很特别。适合追求豪华、高尚生活品位的家庭

部 位	材 质	材质性能
开关载流器 （铜片）	黄铜	质硬、弹性略弱、导电率中等，呈亮黄色
	锡磷青铜	质硬、弹性好、导电率较黄铜好，呈红黄色
	红铜	质略软、弹性好、导电率高，呈紫红色
开关触点	纯银	电阻低、质地柔软、熔点低、易氧化，易产生电弧而烧坏电线或开关元件，造成通电不畅
	银合金	电阻低、质地耐磨、熔点高、抗氧化、综合性能比纯银优越
底座	进口加强尼龙	绝缘性好、刚性强、抗冲击、抗腐蚀、高温下不变形，确保内部构件永不脱落
	再生PC料	耐冲击弱、耐热性弱、易变形
	普通合成塑料	易老化、易燃、易变形
开关拔嘴	自润型尼龙	材质硬、耐磨擦，自带润滑作用、有效减少摩擦力
	普通增强尼龙	时间一长有涩带现象，摩擦力增大导致银点熔掉，载流量下降

 提示

据不完全统计，国内有1500多家企业在生产开关及插座产品，不同品牌产品之间的质量差别较大。为确保质量，应尽可能选择一线品牌的产品。

1.3 家装电气工程成本预算与控制

1.3.1 家装电气工程成本的组成及预算方法

1.家装电气工程成本预算方法

在洽谈家装业务时，家装工程的费用是最敏感的要素，双方争执的焦点往往是单价问题，讨价还价，你来我往，都想多为自己争取一点经济利益。对于家装公司来说，赚钱是硬道理；对于业主来说，省钱才是硬道理。因此，家装电工学一点电气预算知识很有必要。

家装电气预算其实也不复杂，大体有以下几点：

① 看工程的电气图，把工作量单子列出来，这是最基本的依据。

② 根据图纸并结合自身经验（电工要有一定的现场施工经验），计算工程量。注意，要考虑业主在施工过程中可能提出的一些工程变动情况，例如，线路位置的变动，插座位置的变动，灯具种类的变动。

③ 根据所在地区的材料价格水平、人工工资水平、税收情况、行业利润水平等，列出定额或清单，再把定额中的价格调整成市场价，确定最终价格（从商业谈判技巧的角度来说，在向业主报价时，我们应留一点讨价还价的空间）。

2. 电气装修工程价格的组成

电气装修工程价格包括材料、器具的购置费以及安装费、人工费和其他费用，见表 1.15。

表 1.15　电气装修工程价格的组成

费用类型	说　明
设计费	包括人工现场设计费，计算机设计费、制图费用等，因人而异、因级别不同
材料费	这是整个工程中最主要的费用，数目较大。各种材料的质量、型号、品牌、购买地点、购买方式（批发、零售、团购）等不同，材料费用差异较大。在计算材料时需要考虑一些正常的损耗。如果是包工不包料的工程，电工可以不计算这笔费用
人工费	因人而异、因级别不同。一般以当地实际可参考价格来预算。同时应适当考虑工期，如果业主要求的工期很急，需要加班，相应的费用要一并考虑 通常把材料费与人工费统称为成本费
其他费用	包括利润、管理费、税收、交通费等，该项费用比较灵活

3. 预算单位

电气装修项目预算常见的单位见表 1.16。

表1.16　　电气装修项目预算单位

项　目	单　位	工作内容	主要材料	说　明
线管暗敷设	m	凿槽、敷设、穿线、固定、检测	电线、PVC电线管、连接头、电工胶带等	分为包工包料或包工不包料
线管明敷设	m	布线、穿管、固定、检测		
灯具安装	个	定位、打眼、安装、检测	五金配件、灯具、开关	
开关插座面板明装	个	打眼、安装、固定、检测	开关、插座面板、暗盒	
开关插座面板暗装	个	安装、固定、检测	开关、插座面板、暗盒	
强、弱电箱	个	预埋、固定、安装	强电箱、弱电箱、断路器、分配器、功能模块	
弱电安装	房间	安装、固定、线材连接头组、检测、调试	接线盒、连接头	

4. 人工费的预算

家装中定额人工费的预算方法如下：

定额人工费＝定额工日数 × 日工资标准

5. 定额材料费的预算

家装中定额材料费的预算方法如下：

定额材料费＝材料数量 × 材料预算价格＋机械消耗费

其中，机械消耗费是材料费的1% ~ 2%。

 提示

按实际工程量结算的工地，一般应在电线管封槽之前与业主进行核对。否则，电线管封槽后有的地方无法核对，可能会产生一些误会。

---

6. 预算单的内容及格式

一份预算单一般包括项目名称、单位、数量、主材单价、主材总价、辅料单价、辅料总价、人工单价、人工总价、人工总价合计、

材料总价合计、直接费合计、管理费、税金、备注等项目。表 1.17
是家装工程电气项目预算单的一般格式，可供读者参考。

表 1.17　装修工程电气项目预算单示例（强电部分）

序号	物料编号	名　称	规　格	单位	数量	单价	金额	品牌或产地等
1	强电 01	配电箱	AL-1	个				正泰
2	强电 02	荧光灯	2×28W 节能灯	盏				越丰
3	强电 03	电线	BVR2.5mm²	圈				鸽牌
4	强电 04	电线	BVR4.0mm²	圈				鸽牌
5	强电 05	暗装开关	220V 10A	个				TCL
6	强电 06	暗装插座	220V 10A	个				TCL
7	强电 07	暗装插座	220V 16A	个				TCL
8	强电 08	PVC 线管	—	m				联塑
9	强电 09	辅材、附件						
10	……	……	……	……	……	……	……	……
11	……	……	……	……	……	……	……	……
12	……	……	……	……	……	……	……	……
13	强电 13	照明电气安装人工费		项	1.0			
14	强电 14	小计						
15	强电 15	电气施工管理及运输费		项	1.0			

注：①此报价内容所有单价包含17%增值税。
　　②电源由甲方接至我方配电箱，地板接地装置由甲方负责。
　　③以上报价包含材料设计范围内耗损。

1.3.2 家装工程成本控制

1.人工费控制

（1）编制工日预算。

编制工日预算是控制人工费的基础。工日预算应分工种、分装饰子项来编制。某装饰子项或定用工数=该子项工程量/该子项工日产量定额，由于装饰工程的发展很快，装饰工艺日新月异，装饰用工定额往往跟不上施工的需要。这就要求装饰施工企业加强自身的劳动统计，根据已竣工的工程的统计资料，自编相应的产量定额。某装饰子项工日产量定额=相似工程该装饰子项工程量/相似工程该子项用工总工日数。

（2）安排作业计划。

安排作业计划的核心是为各工种操作班组提供足够的工作面，避免窝工，保证流水施工正常进行。在执行计划的过程中，必须随时协调，解决影响正常流水的问题。如果某一工序的进度因某种因素而耽误了，这就意味着它的所有后续工序将出现窝工，必须及时解决。

2.材料费控制

（1）把好材料订货关。

把好材料订货关要做到准确、可靠、及时、经济，见表1.18。

表1.18 把好材料订货关的原则

原 则	说 明
准确	材料品种、规格、数量与设计一致
可靠	材料性能、质量符合标准
及时	供货时间有把握
经济	材料价格应低于预算价格

（2）把好材料验收、保管关。

经检验质量不合格或运输损坏的材料，应立即与供应方办理退货、更换手续。材料保管要因材设"库"、分类码放，按不同材料各自特点，采取适当的保管措施。注意防火，注意防撞击。特别注意加强安保工作，防止被盗。

（3）把住发放关。

班组凭施工任务单填写领料单，到材料部门领料。工长应把施工任务单副本交给工地材料组，以便材料组限额发料。实行材料领用责任制，专料专用，班组用料超过限额应追查原因，属于班组浪费或损坏，应由班组负责。

（4）把好材料盘点、回收关。

完成工程量的70%时，应及时盘点，严格控制进料，防止剩料，施工剩余材料要及时组织退库。回收包括边角料和施工中拆除下来的可用材料。班组节约下来的材料退库，应予以兑现奖励。回收材料要妥善地分类保管，以备工程保修期使用。

3.工程索赔

工程索赔是工料控制的另一个侧面，工料控制是要减少人工、材料的消耗，工程索赔则要为由于承包方原因引起的工料超耗或工期延长获得合理的补偿。工程索赔对项目的经济成果具有重要意义。工程索赔应注意的事项见表1.19。

表1.19　工程索赔注意事项

注意事项	说　明
吃透合同	仔细阅读合同条款，掌握哪些属于索赔范围，哪些是属于承包方的责任
随时积累原始凭证	与工程索赔有关的原始凭证，包括承包方关于设计修改的指令，改变工作范围或现场条件的签证，承包方供料、供图误期的确认，停电停水的确认，施工延误的确认等。签证和确认等均应在合同规定的期限内办理，过时无效
合理计算索赔金额	既要计算有形的工料增加，又要计算隐性的消耗，如由于承包方供图、供料误期所造成的窝工损失等。索赔计算应有根有据、合情合理，然后经双方协商来确定补偿的金额

第2章
安全用电与电气预埋

2.1 临时用电与安全

2.1.1 工地临时用电安全常识

1. 家装施工安全用电规定

① 施工现场必须采用三相五线制供电，只有采用了工作零线和保护零线分开的三相五线制，施工用电才能更加安全。

② 入户电源线应避免超负荷使用，破旧、老化的电源线应及时更换，以免发生意外。

③ 接临时电源时要用合格的电源线，电源插头、插座要安全可靠，否则容易引起触电事故，如图2.1所示。

图2.1　现场用电不规范图片

④ 严禁私自从公用线路上接电源，以免产生不必要的电费纠纷。

⑤ 线路接头应确保接触可靠，绝缘良好。施工现场的电线接头必须做到"三包"，即一层包黄蜡带，二层包电工黑胶布，三层包电工塑料胶带。从而达到防雨水和良好绝缘效果。

⑥ 施工时，明敷塑料导线应穿电线管或加线槽板保护。

⑦ 施工人员不要乱拿、乱拖带电的电线；应采取措施防止电线在积水中穿过。

⑧ 使用电锤、电钻等电动工具，必须戴绝缘手套。

⑨ 遇有电器着火，应先切断电源再救火。

⑩ 安装接线必须确保正确，有疑问应及时询问设计人员，不得自作主张改变线路的路径。

⑪ 施工用电应装设带有过电压保护的调试合格的漏电保护器，以保证使用电器时的人身安全。

⑫ 湿手不能触摸带电的电器，不能用湿布擦拭使用中的电器，进行电器修理必须先切断电源。

⑬ 严禁将地线接在煤气管、天然气管或水管上。发现煤气或天然气漏气时先开窗通风，千万不能拉合电源，并及时通知专业人员修理。

⑭ 使用电烙铁等电热器件时，必须远离易燃物品，用完后应切断电源，拔下电源插头以防意外。

⑮ 文明施工，做到人走断电，停电断开关，触摸设备的壳体用手背，维护检查要断电，断电要有明显断开点。每天工作结束时，将施工现场清理干净，做到"工完、料净、场地清"。

⑯ 施工现场严禁吸烟，不得使用电加热器取暖或煮饭，也不得烧柴火取暖，以免引起火灾或触电事故。

⑰ 后续工序应做好成品保护，否则会留下安全隐患，如图2.2所示。

做法不规范，没有把线盒里的沙浆清理干净

图2.2 成品保护不当，留下安全隐患

⑱发现电气故障，应及时排除。

> **提示**
>
> 　　施工现场用电涉及许多工种，泥瓦工、木工、漆工等工种都需要现场用电，作为电工有责任和义务向所有施工人员告知安全用电的有关规定，宣传和普及安全用电的基础知识。

2. 家装施工人员容易触电的情形

　　① 临时线路架设过低，或者将临时用电线路直接放置在地面上，人体容易碰触到电线造成触电。

　　② 用电设备损坏或不合规格。例如，装修照明用的电灯开关、灯头损坏，插座盖子破损，电动工具等电气设备不装接地线等。

　　③ 电源进线、临时线路、用电设备没有装单独的漏电断路器，因此不能在发生事故后立即切断电源。

　　④ 不按照用电安全规程办事，一味蛮干。例如，检修安装电灯、电器没有关闭电源；湿手拔插电源插头；着装不规范，夏季为

图凉快赤裸上身、穿拖鞋进行施工；抢救触电者时，没有用绝缘材料去挑开电线等情形，很容易发生触电事故。

⑤ 酒后作业，疲劳作业，带病坚持作业。

⑥ 室内杂物过多，没有及时清理，家用电器摆放在人行道上。

⑦ 夏季雷雨大风时，人体接触靠外墙的门窗。

⑧ 施工阶段电动工具特别是手持电动工具使用广泛，防护和管理不当，很容易引起触电事故。

 提示

家装施工现场最容易引起触电事故的几种情形如图2.3所示。

（a）杂物过多　　　　　　（b）违规使用电器器具

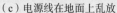

（c）电源线在地面上乱放　　　　　（d）赤裸上身

图2.3　家装施工现场最容易触电的情形

（e）施工穿拖鞋　　　　　　　（f）临时照明灯等拿在手上

（g）取电方法错误

续图2.3

装修施工现场临时用电安全隐患诸因素的因果关系分析如图2.4所示。

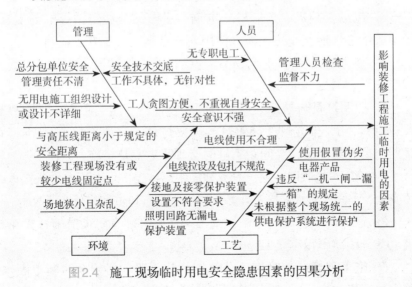

图2.4　施工现场临时用电安全隐患因素的因果分析

2.1.2 临时用电安全措施与管理

1. 临时用电安全措施

① 装修工程队自带配电箱，包括漏电开关、低压断路器及带保护装置的插座。进场时把断路器上的电线全部卸下来，然后从总进线接到临时配电箱，如图2.5所示。

图2.5　装修现场临时用电配电箱

② 包括切割机、角磨机、电锯、手电钻、冲击钻等电动工具，经检验绝缘性能应完好无损，使用安全可靠，操作方法正确。

③ 临时施工供电的开关箱中应装设漏电保护器，临时用电线路应避开易燃易爆品堆放地。

④ 照明灯具与易燃易爆品之间必须保持一定的距离，其距离是普通灯具3m，聚光灯、碘钨灯等高热灯具不宜小于5m，且不得直接照射易燃易爆品，当间距不够时必须采取隔热措施。

⑤ 施工现场临时照明灯具离地面距离≥250mm，用电设备接地必须安全、牢固、防水，接头处必须用绝缘胶布和防水胶布处理两遍。

⑥ 施工现场进行电焊、切割等操作时必须有防火措施，火花与带电部分距离不得小于1.5m。

⑦ 施工现场严禁吸烟，公休期间或下班前必须及时断电断水，关窗并锁好进户门，如图2.6所示。

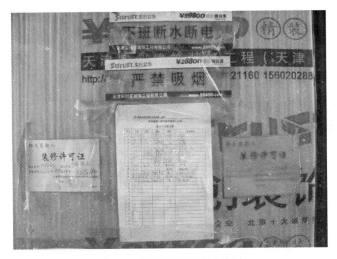

图2.6 离开现场要断电断水

2. 施工现场用电管理

① 要做好装修现场的安全用电工作，装修公司必须建立完善的装修工程施工现场安全管理制度，明确责任制，并落实到位。加强检查监督，制止各种违章用电现象的发生。同时要加强现场各类人员（包括项目经理、施工员、安全员、电工及各类用电人员）对用电专业知识以及安全规范、规程，特别是对三相五线制系统的学习，强化施工人员的安全用电意识，使每个人都认识到不安全用电的危害性，促使现场施工临时用电更加规范。

② 现场配备专职电工，发现安全隐患及时排除，发现违章用电及时制止。

③ 普及触电急救知识。一旦有人触电，切记先关闭电源。不可直接用手去拉触电者，也不可用剪刀去剪电线。应用干燥的木棒等绝缘物将电线挑开，再对伤员进行抢救（口对口进行人工呼吸，如图2.7所示，让患者胸壁扩张，自行回缩，呼吸。如此反复进行，每分钟约15次）。此外，也可用俯卧压背法、仰卧压胸法、胸外心脏按压法等方法进行施救。

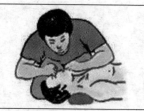	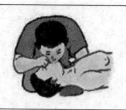
① 将被救者移入空气清新之处，解开其衣领，清除口、鼻内污物，颈下垫物，使头后仰，张开口	② 救护人深吸，对准被救者的口，用手捏住其鼻孔，吹气
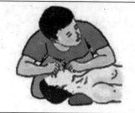	
③ 吹气停止后，松开捏鼻的手，嘴也离开。再深吸气，重复上述步骤	④ 每分钟吹气次数和平时呼吸频率相似，耐心、持续地进行抢救，直到被救者最终能自己进行呼吸为止

图2.7　口对口人工呼吸的方法

2.2　识图与布线定位

2.2.1　电气识图基础

1. 电气图中照明灯具控制的表示法

（1）用一个开关控制灯具。

① 一个开关控制一盏灯的表示法如图2.8所示。

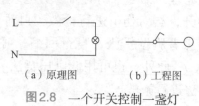

（a）原理图　　　（b）工程图

图2.8　一个开关控制一盏灯

② 一个开关控制多盏灯的表示法如图2.9所示。

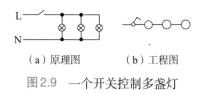

（a）原理图　　　（b）工程图

图2.9　一个开关控制多盏灯

（2）多个开关控制灯具。

① 多个开关控制多盏灯的表示法如图2.10所示，从原理图中可以看出，从开关发出的导线数为灯数加1，以后逐级减少，最末端的灯剩2根导线。

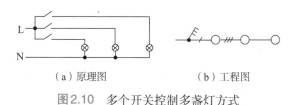

（a）原理图　　　　　　　（b）工程图

图2.10　多个开关控制多盏灯方式

采用多个开关控制多盏灯方式时，一般零线可以公用，但开关则需要分开控制，进线用一根火线分开后，有几个开关再加几根线，因此开关回路是开关数加1。图2.11所示为多个开关控制多盏灯的工程实例，图中虚线所示即为前面介绍的导线根数。

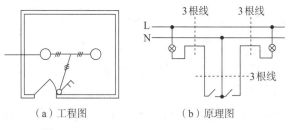

（a）工程图　　　　　　　（b）原理图

图2.11　多个开关控制多盏灯工程实例

② 两个双控开关控制一盏灯。两地控制常见于楼上楼下或较长

的走廊，采用两地控制，使控制比较方便，避免上楼后再下楼关闭照明灯，或在长廊反复来回关闭所造成的不方便或电能的浪费。电路中要使用双控开关，开关电路应接在相线上，当开关同时接在上或下即接通电路，只要开关位置不同即可使电路断开。两个双控开关控制一盏灯的表示法如图2.12所示。

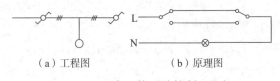

（a）工程图　　　　　（b）原理图

图2.12　两个双控开关控制一盏灯

　　③ 三个双控开关控制一盏灯。在房间的不同角落装三个双控开关来控制同一盏灯，需要采用三地控制线路。三地控制线路与两地控制的区别是比两地控制又增加了一个双控开关，通过位置0和1的转换（相当于使两线交换）实现三地控制，如图2.13所示。

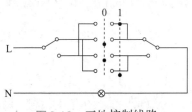

图2.13　三地控制线路

2. 照明电路接线的表示法

　　在一套住宅内，有很多灯具、开关、插座等器件，它们通常采用直接接线法或共头接线法两种方法连接。

　　（1）直接接线法。

　　直接接线法就是各设备从线路上直接引接，导线中间允许有接头的接线方法，如图2.14（a）所示。

　　（2）共头接线法。

　　共头接线法就是导线的连接只能通过设备接线端子引接，导线中间不允许有接头的接线方法，如图2.14（b）所示。

采用不同的连接方法，在平面图上，导线的根数是不同的。

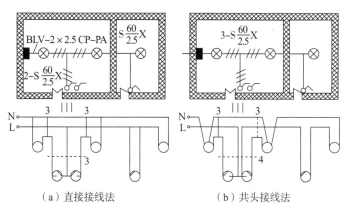

（a）直接接线法　　　　　　　（b）共头接线法

图2.14　直接接线法和共头接线法

3. 照明灯具的标注法

在电气工程图中，照明灯具标注的一般方法如下：

$$a - b\frac{c \times d \times L}{e}f$$

式中，a 为灯具数；b 为型号或编号；c 为每盏灯的灯泡数或灯管数；d 为灯泡容量（W）；L 为光源种类；e 为安装高度（m）；f 为安装方式。

例如，某灯具的标注为 $4\text{-}YG\text{-}2\frac{2 \times 40}{2.5}L$，其含义见表2.1。

表2.1　灯具标注（$4\text{-}YG\text{-}2\frac{2 \times 40}{2.5}L$）的含义

标　注	含　义
4	灯具数量
YG-2	灯具型号
2	每盏灯具内的灯泡（灯管）数量
40	每个灯泡（灯管）的功率
2.5	灯具安装高度2.5m
L	吊链安装方式

4. 导线的表示法

在照明线路平面图中，只要走向相同，无论导线的根数多少，均可用一根线表示，其根数用短斜线表示。一般分支干线均有导线根数表示和线径标志，而分支线则没有，这就需要施工人员根据电气设备要求和线路安装标准确定导线的根数和线径。

在施工时，各灯具的开关必须接在相线上，无论是几联开关，只送入开关一根相线。插座支路的导线根数由 n 联中极数最多的插座决定，如二三孔双联插座是三根线，若是四联三极插座也是三根线。

一根导线、一根电缆用一条直线表示，根据具体情况，直线可予以适当加粗、延长或者缩短，如图 2.15（a）所示；4 根以下导线用短斜线数目代表根数，如图 2.15（b）所示；导线数量较多时，可用一根短斜线外加标注数字来表示，如图 2.15（c）所示。

需要表示导线的特征（如导线的材料、截面积、电压、频率等）时，可在导线上方、下方或中断处采用符号标注，如图 2.15（d）、（e）所示。

如果需要表示电路相序的变更、极性的反向、导线的交换等，可采用图 2.15（f）所示的方法标注，表示图中 L_1 和 L_3 两相需要换位。

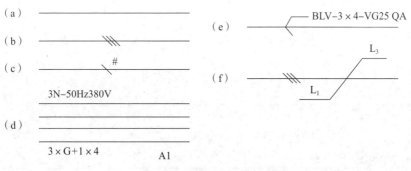

图 2.15　导线的表示方法

5. 配电线路的标注法

配电线路标注用于表示线路的敷设方式、敷设部位、导线的根

数及截面积等，采用英文字母表示。配电线路标注的一般格式为

$$a-d(e \times f)-g-h$$

式中，a 为线路编号或功能符号；d 为导线型号；e 为导线根数；f 为导线截面积（mm^2）；g 为代表导线敷设方式的符号；h 为代表导线敷设部位的符号。

例如，某配电线路的标注为 N1–BV–2 × 2.5+PE2.5–DG20–QA，其含义见表2.2。

表2.2　配电线路标注（N1–BV–2 × 2.5+PE2.5–DG20–QA）的含义

标　注	含　义
N1	表示导线的回路编号
BV	表示导线为聚氯乙烯绝缘铜芯线
2	表示导线的根数为2
2.5	表示导线的截面积为2.5mm^2
PE2.5	表示1根接零保护线，截面积为2.5mm^2
DG20	表示穿管为直径20mm的钢管
QA	表示线路沿墙暗敷设

6. 房间照明配电平面图识读

图2.16所示为两个房间的照明配电平面图，有3盏灯、1个单极开关、1个双极开关，采用共头接线法。图2.16（a）所示为平面图，从平面图中可以看出灯具、开关和电路的布置。1根相线和1根中性线进入房间后，中性线全部接在3盏灯的灯座上，相线经过灯座盒2进入左面房间墙上的开关盒，此开关为双极开关，可以控制2盏灯，从开关盒出来2根相线，接于灯座盒2和灯座盒1。相线经过灯座盒2同时进入右面房间，通过灯座盒3进入开关盒，再由开关盒出来进入灯座盒3。因此，在2盏灯之间出现3根线，在灯座2与开关之间也是3根线，其余是2根线。由灯的图形符号和文字代号可以知道，这3盏灯为一般灯具，灯泡功率为60W，吸顶安装，开关为

翘板开关，暗装。图2.16（b）所示为电路图，图2.16（c）所示为透视图。从图中可以看出接线头放在灯座盒内或开关盒内，因为采用共头接线方式，导线中间不允许有接头。

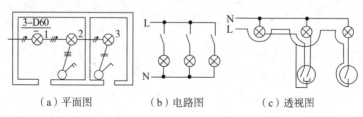

（a）平面图　　　　（b）电路图　　　　（c）透视图

图2.16　两个房间的照明配电平面图

 提示

　　由于电气照明配电平面图上导线较多，在图中上不可能逐一表示清楚。为了读懂电气照明配电平面图，作为一个读图过程，可以画出灯具、开关、插座的电路图或透视图。弄懂平面图、电路图、透视图的共同点和区别，再看复杂的照明配电平面图就容易多了。

📁 **知识窗**

照明配电平面图的主要内容

　　照明配电平面图描述的主要对象是照明电气电路和照明设备，通常包括以下主要内容。

　　① 电源进线和电源配电箱及各分配电箱的形式、安装位置，以及电源配电箱内的电气系统。

　　② 照明电路中导线的根数、型号、规格（截面积）、电路走向、敷设位置、配线方式、导线的连接方式等。

　　③ 照明光源类型、照明灯具的类型、灯泡灯管功率、灯具的安

装方式、安装位置等。

④ 照明开关的类型、安装位置及接线等。

⑤ 插座及其他家用电器的类型、容量、安装位置及接线等。

⑥ 照明房间的名称及照度等。

7. 二室二厅电气系统图和照明配电平面图识读

下面以某二室二厅为例，介绍家装电气系统图和照明配电平面图的识读方法。

配电箱ALC2位于楼层配电小间内，楼层配电小间在楼梯对面墙上。从配电箱ALC2向右出的一条线进入户内墙上的配电箱AH3。

二室二厅户内配电箱共有8条输出回路，如图2.17所示。

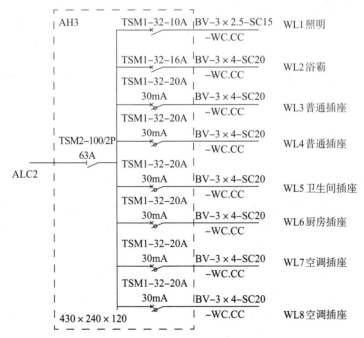

图2.17 二室二厅户内配电箱电气系统图

（1）WL1回路。

WL1回路为室内照明回路，导线的敷设方式标注为：BV－3×2.5-SCl5-WC. CC，采用3根规格（截面积）是2.5mm²的铜芯线，穿直径15mm的钢管，暗敷设在墙内和楼板内（WC. CC）。为了用电安全，照明线路中加上了保护线PE。如果安装金属外壳的灯具时，应对金属外壳做接零保护。

图2.18所示为照明配电平面图，图中WL1回路在配电箱右上角向下数第2根线，线末端是门厅的灯［室内的灯全部采用13W吸顶安装（S）］。门厅灯的开关在配电箱上方门旁，是单控单联开关。配电箱到灯的线上有一条小斜线，标着"3"，表示这段线路里有3根导线。灯到开关的线上没有标记，表示是两根导线，一根是相线，另一根是通过开关返回灯的线，俗称开关回相线。图中所有灯与灯之间的线路都标着3根导线，灯到单控单联开关的线路都是两根导线。

从门厅灯出两根线，一根到起居室灯，另一根到前室灯。第一根线到起居室灯的开关在灯右上方前室门外侧，是单控单联开关。从起居室灯向下在阳台上有一盏灯，开关在灯左上方起居室门内侧，是单控单联开关。起居室到阳台的门为推拉门。这段线路到达终点，回到起居室灯，从起居室灯向右为卧室灯，开关在灯上方卧室门右内侧，是单控单联开关。门厅灯向右是第2根线到前室灯，开关在灯左面前室门内侧，是单控单联开关。从前室灯向上为卧室灯，开关在灯下方卧室门右内侧，是单控单联开关。从卧室灯向左为厨房灯，开关在灯右下方，是单控双联开关。灯到单控双联开关的线路是3根导线，一根是相线，另外两根是通过开关返回的开关回相线。双联开关中一个开关是厨房灯开关，另一个开关是厨房外阳台灯的开关。厨房灯的符号表示是防潮灯。

（2）WL2回路。

WL2回路为浴霸电源回路，导线的敷设方式标注为：BV-3×4-SC20-WC. CC，采用3根规格（截面积）为4mm²的铜芯线，穿直径20mm的钢管，暗敷设在墙内和楼板内（WC. CC）。

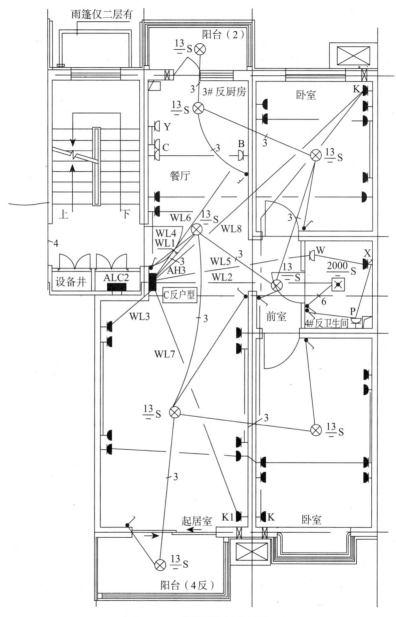

图2.18 照明配电平面图

WL2回路在配电箱中间向右到卫生间，接卫生间内的浴霸，2000W吸顶安装（S）浴霸的开关是单控五联开关，灯到开关是6根导线，浴霸上有4个取暖灯泡和1个照明灯泡，各由一个开关控制。

（3）WL3回路。

WL3回路为普通插座回路，导线的敷设方式标注为：BV-3×4-SC20-WC．CC，采用3根规格（截面积）为4mm^{2}的铜芯线，穿直径20mm的钢管，暗敷设在墙内和楼板内（WC．CC）。

WL3回路从配电箱左下角向下，接起居室和卧室的7个插座，均为单相双联插座。起居室有4个插座，穿过墙到卧室，卧室内有3个插座。

（4）WL4回路。

WL4回路为另一条普通插座回路，线路敷设情况与WL3回路相同。

WL4回路从配电箱向上，接门厅插座后向右进卧室，卧室内有3个插座。

（5）WL5回路。

WL5回路为卫生间插座回路，线路敷设情况与WL3回路相同。

WL5回路在WL3回路上边，接卫生间内的3个插座，均为单相单联三孔插座，此处插座符号没有涂黑，表示防水插座。其中第二个插座为带开关插座，第三个插座也由开关控制，开关装在浴霸开关的下面，是一个单控单联开关。

（6）WL6回路。

WL6回路为厨房插座回路，线路敷设情况与WL3回路相同。

WL6回路从配电箱右上角向上，厨房内有3个插座，其中第一个和第三个插座为单相单联三孔插座，第二个插座为单相双联插座，均使用防水插座。

（7）WL7回路。

WL7回路为空调插座回路，线路敷设情况与WL3回路相同。

WL7回路从配电箱右下角向下，接起居室右下角的单相单联三孔插座。

（8）WL8回路。

WL8回路为另一条空调插座回路，线路敷设情况与WL3回路相同。

WL8回路从配电箱右侧中间向右上，接上面卧室右上角的单相单联三孔插座，然后返回卧室左面墙，沿墙向下到下面卧室左下角的单相单联三孔插座。

2.2.2 现场布线定位和放线

1. 确定点位的依据

正确合理的布线点位不但可以节省装修材料，还可以减少布线的工作量。

布线定位的依据是：根据室内电气布线平面图纸，同时结合各种家具、家用电器摆放布置示意图，经综合考虑确定合理电线管路敷设部位和走向。然后，用铅笔、直尺或墨斗将线路走向和暗盒的位置标注出来，如图2.19所示。

图2.19 布线定位

 提示

确定布线点位要充分理解布线设计方案，并掌握相应的技术规范，才能做出正确的临场判断。

经验表明，在进行布线定位时，一定要请业主到现场，对定位点予以确认，以免产生不必要的误会。如果业主在现场对线路提出了较大的改动意见（例如，将低位插座改为高位插座，将开关插座向左或向右移动，将某单控开关改为双控开关等），在符合电气施工规范的前提下，原则上应采纳业主的意见，但大的改动必须请业主签字确认。

2. 布线定位的主要内容

布线定位主要包括以下两个方面的内容：

① 确定开关、插座、灯具在各个居室的具体安装位置，与此同时把预埋暗盒位置做好标记，如图2.20所示。

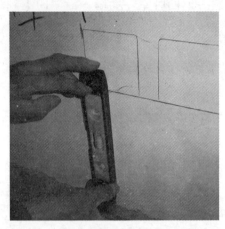

图2.20　开关、插座安装位置定位标记

② 确定预埋电线管路的具体走向，并做好走线标记，如图2.21所示。

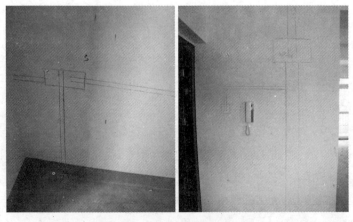

图2.21　预埋电线管路标记

提示

　　电线管路走向应把握"两端间最近距离走线",禁止无故绕线,绕线不但会增加线路改造的开支(因为是按米数算钱),而且易造成人为的"死线"情况发生,如图2.22所示。

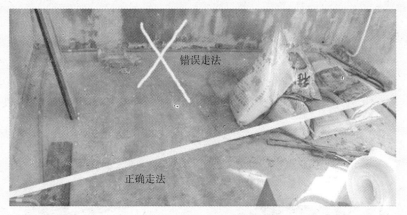

图2.22　严重绕线示例

📁 **知识窗** ····································

开关插座的安装高度

　　① 电源开关距离地面一般在120～135mm(一般开关高度和成人的肩膀一样高)。

　　② 视听设备、台灯、接线板等的墙上插座一般距离地面30mm(客厅插座根据电视柜和沙发而定)。

　　③ 洗衣机的插座距离地面120～150mm,电冰箱的插座距离地面150～180mm,空调、排气扇等的插座距离地面190～200mm。

　　④ 厨房功能插座距离地面高度1100mm,间距600mm;欧式脱

排位置一般适宜于纵坐标定在距离地面2200mm，横坐标可定在吸烟机本身长度的中间，这样不会使电源插头和脱排背墙部分相碰，插座位于脱排管道中央。

⑤地插座安装完成后，下口距离地面为300mm。

⑥卧室床头开关面板距离床边10~15cm，距离地面70~80cm。

3.布线定位的工具

布线定位常用工具有水平尺、卷尺，如图2.23（a）所示。近年来，部分电工开始使用激光水平仪进行定位放线，使用非常方便，如图2.23（b）所示。

（a）卷尺和水平尺

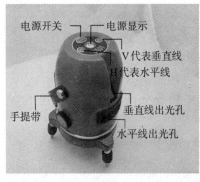

（b）激光水平仪

图2.23　布线定位工具

2.3 电线管路开槽和穿墙打孔

2.3.1 电线管路开槽

1. 确定开槽路线的原则

如图2.24所示，开槽路线必须遵循以下3个原则：

① 路线最短原则。

② 不破坏原有强电原则（主要指旧房线路改造时）。

③ 不破坏建筑物防水原则。

图2.24 开槽路线的原则

2. 开槽宽度和深度的确定

首先根据电气平面图规定的电线规格及数量，确定使用PVC管的规格、大小及数量，进而确定槽的宽度及深度。图2.25所示为某居室插座平面布置图，图中用手写体标出了布线时所需电线管的数量。

一般情况下，开槽宽度和深度与管径大小有关，开槽的宽度还与管道的根数有关系。我们可按照以下原则去开槽：开槽宽度比管道直径大20mm，如果是多根管道，则每个管道之间考虑10mm；开槽深度比管道直径大10~15mm，保证两边补槽时砂浆能补满管道缝隙，防止管道位置空鼓。一般开槽的管径为DN15~DN25，只有少部分才会大于DN25。图2.26所示为开槽实例，开槽宽度和深度见表2.3。

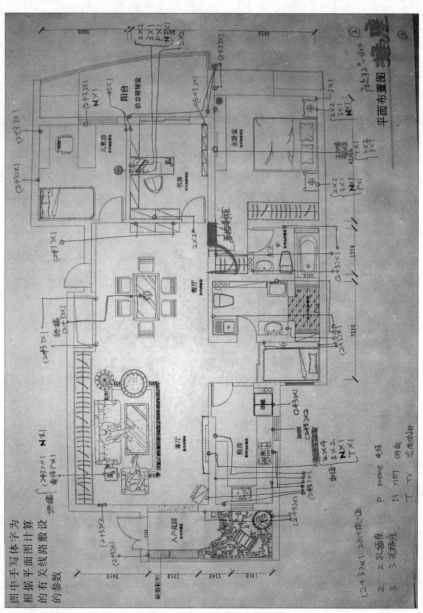

图 2.25　平面布置图（插座）

图2.26 开槽宽度及深度

表2.3 电线管路开槽宽度和深度（单位：mm）

单 管			双 管		
管径	宽度	深度	管径	宽度	深度
DN15	35	30	DN15	60	30
DN20	40	35	DN20	70	35
DN25	45	40	DN25	80	40
DN32	52	47	DN32	94	47

 提示

　　并排3根管、4根管，或其他管径的开槽，可按照表2.3推算。在计算工时费时，线槽长度的计算方法是：所有线槽按开槽起点到线槽终点测量，若线槽宽度超过80mm，按双线槽长度计算。暗盒和配线箱槽独立计算。

3.线路开槽工具的选用

（1）水电开槽机。

　　水电开槽机能根据不同的施工需求，一次成形，开出不同角度、宽度、深度的线槽，并且无需其他的辅助工具，开出的线槽能根据需求完成，美观实用而且不会损害墙体。使用过程中不会产生粉尘，没有灰尘污染，可减轻劳动强度，是旧房明线改暗线、新房装修、电话线、网线、水电线路等理想开槽工具。

　　如图2.27所示，水电开槽机平均每分钟可开槽3～5m。开槽深度为20～55mm。可调节开槽宽度，直线段为16～55mm，曲线段的尺寸可任意调节。

图2.27　水电开槽机开槽

　　使用时，根据开槽的深度和宽度，先调节好水电开槽机的设置，接通电源，在墙面上沿着画好的布线图推动开槽机。注意不要压得太厉害，阻力太大容易烧掉电机。

　　（2）传统开槽工具。

　　如果装修公司没有水电开槽机，也可以使用电锤、云石切割机等电动工具来开槽，常用的操作方法是先用云石机开槽，再用电锤剔槽，有时也可以用錾子或者钢凿来剔槽，如图2.28所示。

　　（a）用云石机开槽　　　　　　（b）用电锤剔槽　　　　　　（c）用錾子剔槽

图2.28　云石机、电锤（或錾子）开槽

提示

在承重墙上横向开槽是极其危险的做法。开了横槽的承重墙，就像被金刚石划过的玻璃，遇到强地震很容易断裂。原则上，轻体墙横向开槽不超过50cm，承重墙上不允许横向开槽。严禁在梁、柱及阳台的半截墙上开槽。室内不能开槽的地方如图2.29所示。

图2.29 室内不能开槽的地方

2.3.2 穿墙打孔

1. 电线管穿墙孔

有时因为线路走向特殊，两个房间之间的线路需要穿墙而过，这时就需要在墙壁上打孔。电线管穿墙一般可以用电锤来打孔。打孔的直径应略大于电线管的外径，以便电线管能够顺利穿过墙壁。

 提示

地下室穿墙需要用镀锌管，楼房穿墙可用PVC镀锌管，如图2.30所示。通向户外的穿墙孔应室内略高于室外，以防止雨水倒灌入室。

图2.30 电线管穿墙通过

2.空调等电器的安装孔

如果开发商没有预留空调、油烟机、热水器、换气扇等的安装孔洞，或者是需要改动预留空洞的位置，最好是请专业打孔人员来完成，如图2.31所示。打孔之前，电工应规划好打孔位置。打孔时，要求室内孔高一些、室外孔低一些。

一般请专业钻孔人员操作

图2.31 打空调孔

 提示

墙壁打孔应可以与墙壁开槽同步进行，至少应在墙壁做底漆之前打孔。对于混凝土墙体来说，钻孔必须用水钻，水钻流出的水是脏水，这样就会造成墙面脏污，所以钻孔必须在墙面处理之前完成，否则，地板铺好了，墙也刷了，再钻孔就会造成二次污染，浪费财力。

空调柜机的开孔尺寸为8cm，挂机的开孔尺寸为6cm。

2.4 电线管和底盒预埋

2.4.1 电线管的加工与连接

1. 剪断 PVC 电线管

用专用剪刀剪断PVC电线管，如图2.32所示，操作时先打开PVC电线管专用剪刀的手柄，把PVC电线管放入刀口内，握紧手柄，边转动管子边进行裁剪，刀口切入管壁后，应停止转动，继续裁剪，直至管子被剪断。截断后，可用截管器的刀背将切口倒角，使切断口平整。

图2.32 用专用剪刀剪断PVC电线管

管径32mm及以下的小管径电线管，一般使用专用截管器（或PVC电线管剪刀）截断管材。截断PVC管前，应计算好长度。

 提示

使用钢锯锯管，适用于所有管径的管材，管材锯断后，应将管口修理平齐，使其光滑。

2. PVC 电线管的弯曲

管径32mm以下的电线管可进行冷弯，采用的工具是弯管弹簧。

如图2.33所示，先将弹簧插入管内，两手用力慢慢弯曲管子，考虑到管子的回弹，弯曲角度要稍大一些。当弹簧不易取出时，可逆时针转动弯管，使弹簧外径收缩，同时往外拉弹簧即可取出。

图2.33　弹簧弯管

 提示

　弯管角度应大于90°，不能出现90°的直角弯头。管径在32mm以上的PVC管宜进行热弯，但在家庭装修中很少遇到这种情况。

3. PVC 电线管的连接

　室内装修时，PVC电线管一般采用管接头（或套管）连接。其方法是：将管接头或套管（可用比连接管管径大一级的同类管料做套管）及管子清理干净，在管子接头表面均匀刷一层PVC胶水后，立即将刷好胶水的管头插入接头内，不要扭转，保持约15s不动，即可贴牢，如图2.34所示。

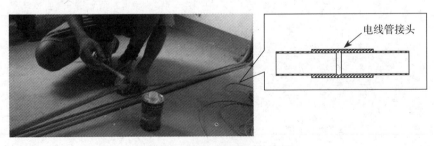

电线管接头

图2.34　PVC电线管的连接

提示

连接前后注意保持粘接面清洁。预埋电线管时，禁止采用三通管走线，那样做后期无法维护，如图2.35所示。禁止使用三通管敷设电线管是基本的常识，而使用此法一般是为了节省材料和工钱及工时。

不能把连接水管的方法用来连接电线管!

图2.35 禁止采用三通管敷设电线管

4. PVC电线管与接线盒的连接

PVC电线管与塑料接线盒的连接方法是：先将入盒接头和入盒锁扣紧固在盒（箱）壁；将入盒接头及管子插入段擦干净；在插入段外壁周围涂抹专用PVC胶水；用力将管子插入接头，插入后不得随意转动，约15s后即完成连接，连接后的效果如图2.36所示。

连接锁扣

（a）正确做法

（b）错误做法

图2.36 PVC电线管与接线盒锁扣连接

提示

　　在分线处要用分线盒，且延伸线要用护线软管，这样做能更好地保护线路，方便检修，如图2.37所示。

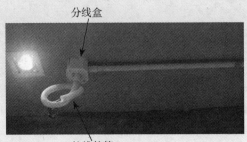

图2.37　照明灯具分线盒

2.4.2　PVC电线管的暗敷设

1. 在地面敷设 PVC 电线管

　　在地面上敷设电线管时，如果地面比较平整，垫层厚度足够，电线管可直接放在地面上。为了防止地面上的电线管在其他工种施工过程中被损坏，在垫层内的电线管可用水泥砂浆进行保护，如图2.38所示。

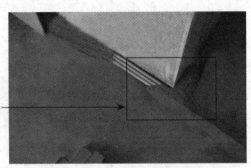

图2.38　地面上电线管的保护措施

提示

有的装修公司采用在地面开槽的方法来敷设PVC电线管，其实没有必要这么做。在地面开槽，不仅破坏了楼板的结构，而且也费时费力，给用户增添了费用。

2. 在墙面暗敷设 PVC 电线管

在墙面上暗敷设PVC电线管时，需要先在墙面上开槽。开槽完成后，将PVC电线管敷设在线槽中。PVC电线管可用管卡固定，也可用木榫进行固定，最后，再封上水泥使电线管固定，如图2.39所示。

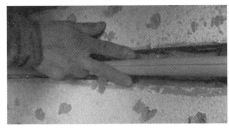 

（a）敷设PVC电线管　　　　　　　　（b）封上水泥

图2.39　在墙面上暗敷设PVC电线管

 提示

敷设PVC电线管时，操作要细心，不能出现图2.40所示的"弯头"。

不合格！
必须重新做！

图2.40　不能有死弯头

在线路转角处用大弯的方式，使线管内的电线可以随意抽动，方便以后检修，需要更换时也不必全部拆除，只需要更换管内电线即可，而且这种工艺比横平竖直敷设更节省材料，如图2.41所示。

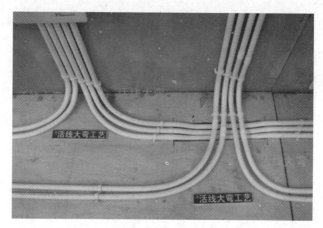

图2.41　活线大弯工艺

3. 在吊顶内敷设 PVC 电线管

　　吊顶内的电线管要用明管敷设的方式，但不得将电线管固定在平顶的吊架或龙骨上，接线盒的位置应和龙骨错开，这样便于日后检修，如图2.42所示。如果要用软管接到下面灯的位置，软管的长度不能超过1m。

图2.42　在吊顶内敷设PVC电线管

固定电线管时，如果是木龙骨可在管的两侧钉钉，用铅丝绑扎后再用钉钉牢；如果是轻钢龙骨，可采用配套管卡和螺丝固定，或用拉铆固定。

在卫生间、厨房的吊顶敷设电线管时，要遵循"电路在上，水路在其下"的原则，如图2.43所示。这样做可确保如果日后有漏水事件发生，不会殃及电路，出现更大的损失，安全性得到了保障。

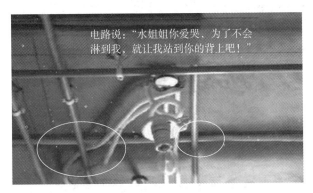

图2.43　水路电路和平相处

提示

受力的灯头盒要用吊杆固定，应在导线管进盒处及弯曲部位两端150～300mm处加固定卡固定。

2.4.3　暗线底盒预埋

1.暗线底盒预制

我们把室内开关盒、插座盒、灯位盒等称为暗线底盒，根据不同的进管方位，暗线底盒可分为直叉、曲叉、三叉、四叉，分类统计每施工段所需的数量，在预埋之前进行预制。预制时按所需的方位敲开敲落孔，装上锁母，各锁母口分别用纸封塞，制成各种类型的暗线底盒，供预埋时使用，如图2.44所示。

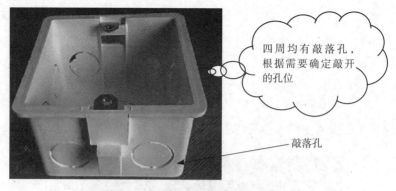

四周均有敲落孔，根据需要确定敲开的孔位

敲落孔

图2.44　暗线底盒预制

2.暗线底盒预埋

　　为了达到优良的观感，暗线底盒预埋位置必须准确整齐。开关插座必须按照测定的位置进行安装固定。开关插座底盒的平面位置必须以轴线为基准来测定，如图2.45所示。

（a）将底盒装在墙上

（b）位置矫正

图2.45　开关插座底盒的预埋

（c）用水泥固定

续图2.45

 提示

开关插座底盒预埋的要点是端正、平整划一，与墙面保持平整，不得凸出墙面，相邻底盒的间距一致。

2.4.4 穿导线

1.穿导线的技术要求

① 穿入电线管内的导线不得有接头和扭结，如图2.46所示，不得有因导线绝缘性损坏而新增加的绝缘层。如果导线接头不可避免，只允许在分线盒中有线路接头。

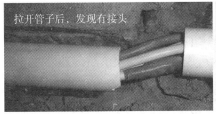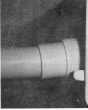

图2.46 穿入电线管内的导线不得有接头和扭结

② 用于不同回路的导线，不得穿入同一根电线管子内，但以下几种情况例外：

•同一供电回路的导线必须穿于同一电线管内。

•同一照明花灯的所有回路，同类照明的几个回路，可穿入同一根电线管内，但管内导线总数不应超过规定，例如，R16mm的电线管管内穿线总根数不应超过3根。

③ 电线管内导线的总面积（包括外护层）不应超过管子内截面积的40%。如果将截面积之和超过标准的多根导线穿入同一根电线管内，很容易造成管内没有足够的空隙，使导线在线管中通过较大电流时产生的热量不能散发掉，从而存在容易老化、发生火灾的隐患，如图2.47所示。

 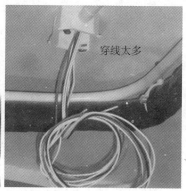

图2.47　电线管内电线截面积的规定

④ 穿于垂直管路中的导线每超过一定长度时，应在管口处或接线盒中将导线固定，以防下坠。

⑤ 电线管穿线必须分色，一般是电源线的相线（火线）、零、地三线分别为红色、黄色、绿色（或者双色线），如图2.48所示。

⑥ 严禁裸线"埋墙"，如图2.49所示。有一些施工人员，利用业主的信任与不了解，将电线不套电线管直接埋入墙内，这是非常典型也是比较容易发现的偷工减料行为，这样做的后果是使得电线容易老化和破损，且无法换线，造成维修的难度加大。

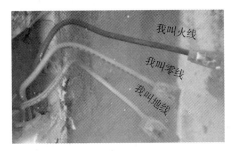

图2.48 电线管穿线必须分色

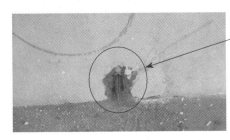

裸线"埋墙",偷工减料,危险啊!

图2.49 裸线"埋墙"后患无穷

⑦ 严禁强弱电共管穿线,如图2.50所示。

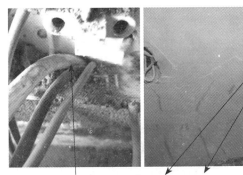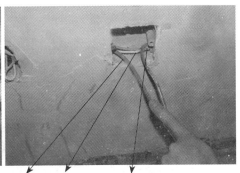

电源线与通信线同穿一根管内　弱电　强电　强电、弱点在同一管路里日夜纠缠

图2.50 严禁强弱电共管穿线

2.穿带线

穿带线的目的是检查管路是否畅通,管路的走向及盒、箱质量

是否符合设计及施工图要求。带线采用 ϕ 2mm 的钢丝，先将钢丝的一端弯成不封口的圆圈，再利用穿线器将带线穿入管路内，在管路的两端应留有 10～15cm 的余量（在管路较长或转弯多时，可以在敷设管路的同时将带线一并穿好），如图 2.51 所示。

图 2.51　穿带线

当穿带线受阻时，可用两根钢丝分别穿入管路的两端，同时搅动，使两根钢丝的端头互相勾绞在一起，然后将带线拉出。

3. 穿导线

如图 2.52 所示，穿导线时在管子两端口各有一人，一人负责将导线束慢慢送入管内，另一人负责慢慢抽出引线钢丝，要求步调一致。PVC 电线管线路一般使用单股硬导线，单股硬导线有一定的硬度，距离较短时可直接穿入管内。在穿线过程中，如遇月弯导线不能穿过时，可卸下月弯，待导线穿过后再安装，最后将 PVC 电线管连接好。

图 2.52　穿导线

提示

多根导线在穿入过程中不能有绞合，不能有死弯。

穿线完成后，将绑扎的端头拆开，两端按接线长度加上预留长度，将多余部分的线剪掉（穿线时一般情况下是先穿线，后剪断，这样可节约导线），如图2.53所示。然后测量线与线之间和导线与管（地）之间的绝缘电阻，应大于1MΩ，低于0.5MΩ时应查出原因，重新穿线。

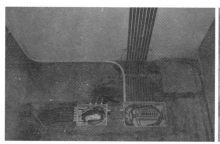
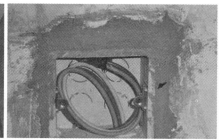

图2.53 预留线头示例

穿线后留在接线盒内的线头要用绝缘带包缠，也可以用压线帽进行保护，如图2.54所示。

图2.54 穿线后的线头处理

第 3 章

配电器件和灯具的安装

3.1 配电箱和断路器的安装

3.1.1 断路器的质量检查

1. 外观检查（使用目测方法）

① 塑粘压制件表面没有裂纹、气泡等缺陷，整机表面清洁且无损伤。

② 外露的金属零件防腐镀层应光泽，没有明显的针孔、麻点、泡、发黑等缺陷。

③ 基座、盖装接缝对齐，铆钉无松动。

2. 机械操作检查

用手动操作进行检验，"开合"操作循环灵活可靠。

3. 触点通断检查

检测断路器时，可以用万用表"R×10"挡测量其各组开关的电阻值，由此来判断断路器是否正常，如图3.1所示。

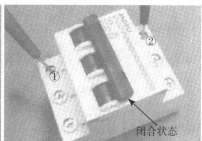

断开状态　　　　　　　　　闭合状态

图3.1　万用表检测低压断路器

若测得低压断路器的各组开关在断开状态下，其阻值均为无穷大，在闭合状态下，其阻值均为零，则表明该低压断路器正常；若测得低压断路器的各组开关在断开状态下，其阻值为零，则表明低压断路器内部触点粘连损坏；若测得低压断路器的各组开关在闭合状态下，其阻值为无穷大，则表明低压断路器内部触点断路损坏；若测得低压断路器内部的各组开关，有任何一组损坏，均说明该低压断路器损坏。

3.1.2 在配电箱中安装断路器

1. 断路器占用的位置

断路器安装在配电箱里，总开关用2P断路器，分支一般用1P断路器。不带漏电保护的小型断路器1P占一位，2P占二个位置。带漏电保护的小型断路器2P占4位，1P+N占3位，如图3.2所示。

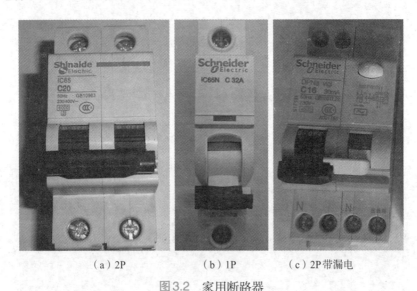

（a）2P （b）1P （c）2P带漏电

图3.2 家用断路器

2. 安装断路器

① 把导轨安装在配电箱底板上，如图3.3（a）所示。

② 将断路器按设计顺序垂直安装在配电箱的导轨上，断路器的操作手柄及传动杠杆的开、合位置应正确，如图3.3（b）所示。

组合式断路器的底部有一个燕尾槽，安装时把靠上边的槽沟入导轨边，再用力压断路器的下边（因为下边有一个活动的卡扣），断路器就会牢牢卡在导轨上；卡住后断路器可以沿导轨横向移动，调整位置。

拆卸断路器时，找到活动的卡扣另一端的拉环，用螺丝刀撬动拉环，把卡扣拉出向斜上方扳动，断路器就可以取下来。

③ 将各条支路的导线在电线管中穿好后，根据配电系统图［图3.3（c）］，将电线接在各个断路器的接线端上，如图3.3（d）所示。

（a）安装导轨　　　　　　　　（b）把断路器卡在导轨上

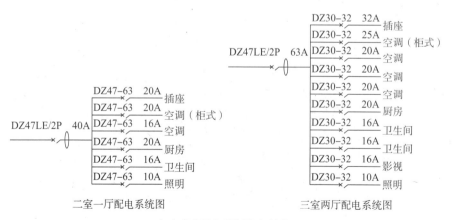

二室一厅配电系统图　　　　　　三室两厅配电系统图

（c）家庭配电系统图（示例）

图3.3　在配电箱中安装断路器

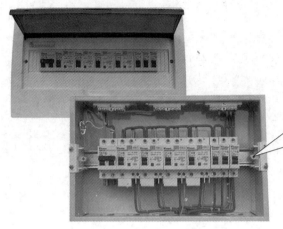

断路器商标向上，上
接线端接进线，下接
线端接出线

（d）接线实物图

续图3.3

💡 提示

① 安装多排导轨时，一定要注意轨道距离，如图3.4所示。

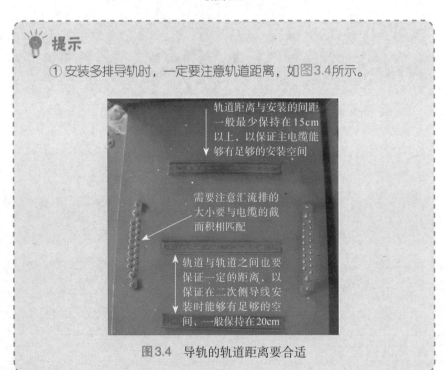

轨道距离与安装的间距
一般最少保持在15cm
以上，以保证主电缆能
够有足够的安装空间

需要注意汇流排的
大小要与电缆的截
面积相匹配

轨道与轨道之间也要
保证一定的距离，以
保证在二次侧导线安
装时能够有足够的空
间，一般保持在20cm

图3.4 导轨的轨道距离要合适

② 断路器接线均为上为进线、下为出线，1P断路器和2P断路器的接线方法是不同的，如图3.5所示。

图3.5 断路器接线的方法

1P的断路器（一般作为各个回路开关使用），把L极（火线）接上端，N极（零线）接到N极汇流线排上。

2P的断路器（一般作为总开关使用），要把L极、N极均接上端。

③ 在汇流排上接线时，剥削绝缘层后的芯线要按照顺时针方向做"羊眼圈"，导线在折弯时要与螺丝的拧紧方向一致，这样才能保证导线在螺丝拧紧时不会被挤出，如图3.6所示。

图3.6 导线与汇流排的连接

④ 接线完毕，配电箱内的导线要用塑料扎带绑扎好。扎带大小要合适，间距要均匀，如图3.7所示。

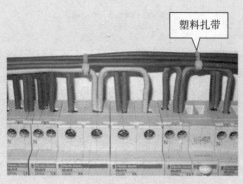

塑料扎带

图3.7　导线用塑料扎带绑扎

 知识窗

配电箱的接线方式

根据箱体内主开关、分开关的组合形式，配电箱接线可分为两种方式，一种是主开关带漏电保护器，分开关不带漏电保护器；另一种是主开关不带漏电保护器，有几个分开关带漏电保护器，其余分开关不带漏电保护。

第一种形式的接线比较简单，进线电源的零线、火线分别接在主开关的进线端，进线电源的地线直接接到接地端子排上；主开关同分开关、零线端子排连接的导线，生产厂已接好；所有配电回路的零线、地线分别接到零线端子排和接地端子排上，火线需按用途、编号，同各个分开关一一对应，不能接错，如图3.8所示。

第二种形式，由于主开关不带漏电保护器，有几个分开关带漏电保护器，其余分开关不带漏电保护器，比较复杂一些。其中，不

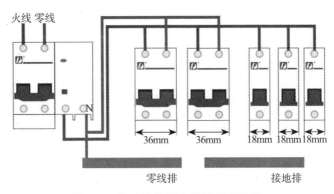

图3.8 主开关带漏电保护器的接线

带漏电保护器的分开关的接线同第一种情形完全一样。带漏电保护器的分开关的接线如图3.9所示，具体方法是：

① 带漏电保护器的分开关的电源侧，它的零线是从零线端子排接出来。

② 用电负荷侧的零线是从带漏电保护器的分开关的零线接口接线，而不是从零线端子排接出来，否则，就会出现一用电就跳闸的现象。

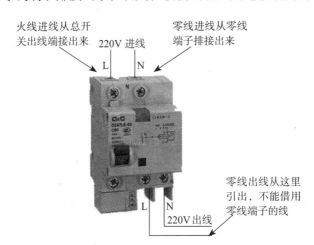

图3.9 带漏电保护器的分开关的接线

3. 在配电箱上做好标识

配电箱中的断路器接线完成后，应在配电箱中的适当位置将各个断路器的功能做好标识，以方便使用，如图3.10所示。

功能标识

图3.10　配电箱中的功能标识

3.2　开关及插座的安装

开关及插座的安装需要满足一定的作业条件，要求在墙面刷白、油漆及壁纸等装修工作均完成后才开始。安装作业时最好是选择天气晴朗、自然光较好的时间。

3.2.1　开关及插座安装的技术要求

1. 开关安装的技术要求

① 安装前应检查开关的规格型号是否符合设计要求，是否有产品合格证。

② 检查开关是否操作灵活，外观是否有缺陷。同时用万用表"R×100"挡或"R×10"挡检查开关的通断情况（一般采取抽样检查的方法进行）。

发现开关有质量问题，不要进行拆装及维修，可直接要求换货。

③ 用绝缘电阻表（兆欧表）测量开关的绝缘电阻，要求不小于2MΩ。测量方法是：一条测试线夹在接线端子上，另一条测试线夹在塑料面板上。由于室内安装的开关、插座数量较多，电工可采用抽查的方式对产品绝缘性能进行检查。

④ 开关一定要串接在电源火线上，严禁用零线来控制灯。

⑤ 一般住宅开关的安装高度应是距地面1.4m，同一室内的开关高度误差不能超过5mm。并排安装的开关高度误差不能超过2mm。开关面板的垂直允许偏差不能超过0.5mm。

⑥ 开关必须安装牢固。面板应平整，暗装开关的面板应紧贴墙壁，且不得倾斜，相邻开关的间距及高度应保持一致。

⑦ 多个开关并排安装时，要按照由近及远的逻辑顺序去控制灯具。这样，使用起来才方便。

综上所述，安装开关的主要技术要求如图3.11所示。

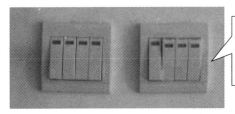

开关串联火线上
面板平整固定牢
高度误差合规定
垂直偏差合规定

图3.11　安装开关的主要技术要求

 提示

如果将照明开关串接在零线上，虽然断开时电灯也不亮，但灯头的相线仍然是接通的，而人们以为灯不亮就会错误地认为灯是处于断电状态，而实际上灯具上各点的对地电压仍有220V的危险电压。如果灯灭时人们触及这些实际上带电的部位，就会造成触电事故。所以各种照明开关或者单相小容量用电设备的开关，只有串接在相线上，才能确保安全。

开关误接零线上，若出现安全事故，电工是要负责任的！

知识窗 ···

常用照明开关接线图

灯具的控制方式是多种多样的，不同的控制方式有不同的接线方法。图3.12所示是几种比较常用的照明开关接线原理图。

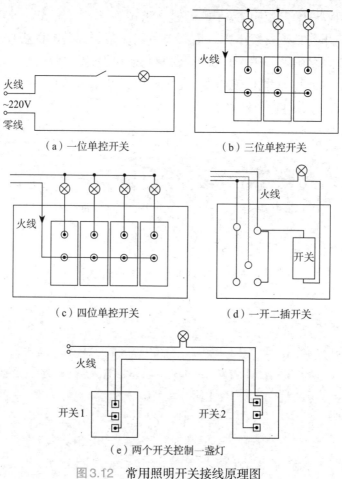

（a）一位单控开关　　　　　　（b）三位单控开关

（c）四位单控开关　　　　　　（d）一开二插开关

（e）两个开关控制一盏灯

图3.12　常用照明开关接线原理图

2. 电源插座接线的规定

家庭使用的电源插座均为单相插座。单相插座可分为单相两极插座和单相三极插座。单相两极插座是不带接地（接零）保护的单相插座，用于不需要接地（接零）保护的家用电器；单相三极插座是带接地（接零）保护的单相插座，用于需要接地（接零）保护的家用电器。

单相两极插座有横装和竖装两种。接线时，面对插座的右孔或上孔与相线连接，左孔或下孔与零线连接。这样的接线方法被简称为"左零右火"或"上火下零"。

单相三极插座接线时一般都有火线、零线和接地线3根线。接线时，右孔与相线连接，左孔与零线连接，接地（PE）线接在上孔。这样的接线方法被简称为"左零右火上接地"。关键是保护接地线的接法。

国家有关标准规定的单相插座接线方法如图3.13所示。

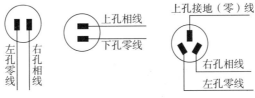

（a）单相两极插座　　　（b）单相三极插座

图3.13　单相插座接线的规定

　提示

大多数家用电器不区分交流电零线与火线的接入方式也能正常工作。规范两极插座和三极插座的极性是出于安全考虑。例如，电器开关都要求安装在设备的相线上，开关断开后即可使设备不再带电。如果电源插头或插座极性接反，则失去了这种保护功能。

通常，单相用电设备，特别是移动式用电设备（如冰箱、洗衣机等），都应使用三极插头和与之配套的三极插座。

插座的导线颜色应符合规定要求。在单相照明电路中，一般黄色表示火线、蓝色是零线、黄绿相间的是地线。也有些地方使用红色表示火线、黑色表示零线、黄绿相间的是地线。一般情况下红色是火线，蓝色是零线，黑色是地线。

单相插座接线口诀

单相插座有多种，常分两孔和三孔。

两孔并排分左右，三孔组成品字形。

接线孔旁标字母，L为火N为零。

三孔之中有PE，表示接地在正中。

面对插座定方向，各孔接线有规定。

左接零线右接火，保护地线接正中。

 知识窗

插座接线正误的检测

无论哪种插座，正确接线只有一种，其他接线组合方式都是错误的。为确保设备和人身安全，插座在投入使用之前，必须依照规范进行接线检查。

① 插座常见接线错误与检查方法见表3.1。

表3.1　插座常见接线错误与检查方法

错误种类	常规检查方法	测试条件
火线开路	试电笔	直接测量
零线开路	电压表	直接测量
地线开路	电压表	直接测量
零/火接反	试电笔	直接测量
地/火接反	试电笔	直接测量
零/地接反	钳形电流表	带负载，测量线路
线路接触不良（高阻点、阻抗）	电压表	带负载，外部测量

② 使用插座检测仪可以检测插座零火线接反、缺零线、缺地线等故障，通过观察验电器上 N、PE、L 三盏灯的亮灯情况，判断插座是否能正常通电，如图3.14所示。

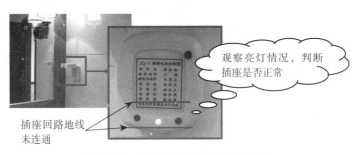

图3.14 插座检测仪检测插座接线

3.2.2 开关及插座的安装方法

1. 准备工作

（1）工具及材料准备。

安装开关及插座常用工具有剥线钳、螺丝刀、水平尺，常用材料有电工绝缘胶带，如图3.15所示。

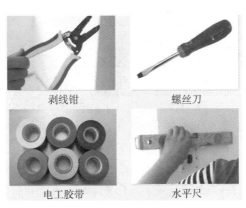

图3.15 常用工具及材料

（2）底盒清洁。

由于开关、插座的安装是在木工、油漆工工序之后进行的，久置的底盒难免会堆积大量灰尘。因此，在安装时先对底盒进行清洁，将盒内的灰尘、杂质清理干净，如图3.16所示。

图3.16　进行底盒清洁

（3）电源线处理。

将盒内甩出的导线留足维修长度（一般长出盒沿10～15cm，注意不要留得过短，否则很难接线；也不要留得过长，否则很难将开关装进接线盒）。然后剥削出线芯，注意不要碰伤线芯，如图3.17所示。将预留的导线按顺时针方向盘绕在开关或插座对应的接线柱上，然后旋紧压头，要求线芯不得外露。

留足维修长度，剥削线头绝缘层

图3.17　电源线处理

2. 开关及插座面板的接线与固定

（1）拆面板。

面板分为两种类型，一种单层面板，面板正面有两颗螺钉孔；另一种是双层面板，下层面板用螺钉固定在底盒上，上层面板扣合在下层面板上。

　　双层面板的开关、插座，在安装前应将上下层面板撬开，其结构如图3.18所示。

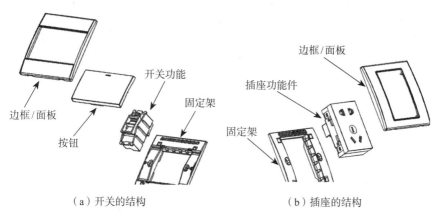

（a）开关的结构　　　　　　　　（b）插座的结构

图3.18　开关、插座的结构

（2）接线。

　　先用螺丝刀把接线螺钉拧松一些，将已经剥削了绝缘层的线头按照规定插入接线孔中，立即拧紧螺钉，如图3.19所示。

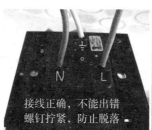

（a）把接线螺钉拧松　　　　（b）插入芯线　　　　（c）拧紧接线柱螺钉

图3.19　接　线

（3）固定固定架，扣上面板。

　　将底盒内甩出的导线从下层面板的出线孔中穿出，再把下层面板紧贴在底盒上，面板找正，用配套的螺钉将下层面板固定在底盒上，如图3.20所示。最后，扣上面板。

用螺丝固定牢固，要求面板端正，紧贴墙面

（a）固定固定架　　　　　　　　　　　　　（b）扣上面板

图3.20　固定固定架，扣上面板

💡 **提示**

① 安装开关、插座时，在螺钉拧紧前要注意检查面板是否平齐。要求拧紧螺钉后的面板端正且紧贴墙面，不能倾斜，如图3.21所示。

左侧开关面板歪斜

图3.21　插座安装完毕后的整体效果

② 在安装开关、插座时，注意保持墙面清洁，同时要对室内其他成品（包括半成品）进行有效保护。

③ 安装开关、插座时记住要分清零线与火线。开关要接在火线上；插座要按照规定接线，不能接反。

④ 空调供电用16A三极插座。

⑤ 在开放式阳台、靠近水槽、卫生间湿区等位置，建议安装开关插座专用防溅盖，如图3.22所示。安装防溅盖时，先用一字形螺丝刀将盒盖撬开，将盒盖与面板上层器件取下来，接下来的安装方法与普通插座安装方法一样。

图3.22 在容易溅水的地方建议安装防溅盖

⑥ 对于楼梯上下两层，卧室门与床头两处，比较大的客厅两边，使用双控开关是十分方便的。

3.2.3 开关的接线方法

1. 一位单控开关的接线方法

一位单控开关有两个接线柱，将L接线柱与电源火线的进线相连，L1接线柱接家用电器（如荧光灯），如图3.23所示。

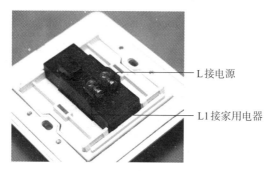

L接电源

L1接家用电器

图3.23 一位单控开关的接线

2. 多位单控开关的接线方法

两位及两位以上的单控开关称为多位单控开关，图3.24所示为三位单控开关，上方的接线柱分别接3个灯具，下方的3个接线柱接电源火线的进线。其他多位单控开关的接线方法与此类似。

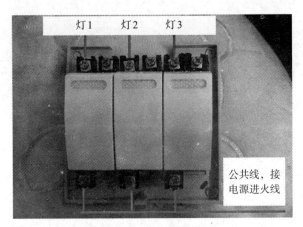

图3.24　三位单控开关的接线

 提示

多位单控开关接线时，一定要按照灯方位的前后顺序，一个一个地渐远地进行控制。这样，使用时才便于记忆。否则，经常会为了要找到想要开的这个灯，把所有的开关都打开了。

3. 双控开关的接线方法

双控开关有一位双控开关、两位双控开关和三位双控开关之分。家庭装修一般使用一位双控开关。

双控开关每位包含一个常闭触点和一个常开触点；每位均有3个接线端，分别为常闭端、常开端和公共端。为了便于叙述，我们把公共端编号为"1"，常闭端、常开端分别编号为"2"、"3"，如图3.25所示。"2"、"3"接线端之间在任何状态下都是不通的（可用万用表电阻挡进行检测）。双控开关的动片可以绕"1"转动，使"1"与"2"接通，也可以使"1"与"3"接通。

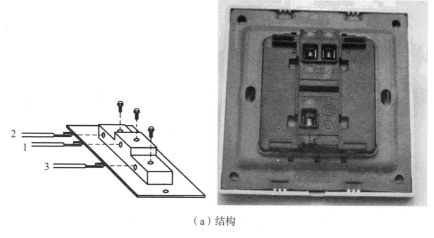

（a）结构

（b）接线图

图3.25　两地双控开关的接线

安装接线时，零线可直接敷设到灯具安装处。两个开关之间的电线管内要穿3根控制电线（相线），3根电线要用不同的颜色区分开，相线先与开关A的接线柱"1"连接引入；再从A的接线柱"2"出来与B的"2"连接；又从B的"3"接线柱出来与A的"3"连接；最后由B的"1"引出线到灯头。

提示

　　双控开关的接线端可以直接通过接线端旁的标注来识别，公共端一般标注为"L"，常闭端、常开端一般标注为"L1"、"L2"。如果无法从标注上识别出各个接线端，可以用万用表的"R×1"挡来检测。将公共端分别与常闭端、常开端接通或断开，接通时电阻值为0，断开时电阻值为∞；无论开关处于何种状态，常闭端与常开端均不通，电阻值为∞。

4. 触摸开关的接线方法

　　触摸开关常用于控制进户门处的灯具，使用时，触摸一下开关的触摸点，开关闭合1min左右再自动断开。触摸开关有3个接线端，分别是火线输入、火线输出和零线输入，其接线方法如图3.26所示。注意，火线输入和火线输出两个接线端不要接错了。

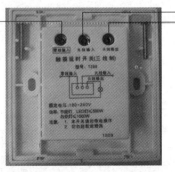

图3.26　触摸开关的接线

5. 声控开关的接线方法

　　声控开关是在特定环境光线下采用声响效果激发拾音器进行声电转换，由此来控制用电器的开启，并经过延时后能自动断开电源的节能电子开关。

　　在白天或光线较亮时，声控开关处于关闭状态；夜晚或光线较暗时，声控开关处于预备工作状态。当有人经过该开关附近时，脚步声、说话声、拍手声均可将声控开关启动（灯亮），延时一定时间后，声控开关自动关闭（灯灭）。

声控开关适合安装在楼道、走廊、地下车库等场所，三线制声控开关有3个接线端，分别是火线输入、火线输出和零线输入，其接线方法如图3.27所示。

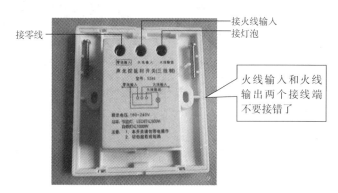

接零线　　　　　　　　　　　　接火线输入
接灯泡

火线输入和火线输出两个接线端不要接错了

图3.27　声控开关的接线

3.2.4　插座的接线方法

1. 一开三孔插座的接线方法

① 一开三孔插座（开关控制照明灯）的接线，适合室内既需要控制灯具，又需要使用插座的场所配电，如图3.28所示。

开关控制照明灯电源，插座独立使用

火线输入
零线输入

接地线
接灯泡

图3.28　一开三孔插座（开关控制照明灯）的接线

② 一开三孔插座（开关控制插座）的接线，适用于需要经常使用的室内小功率电器配电（例如电视机、机顶盒、洗衣机等），如图3.29所示。

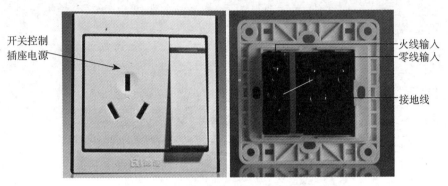

开关控制
插座电源

火线输入
零线输入

接地线

图3.29　一开三孔插座（开关控制插座）的接线

2. 一开五孔插座的接线

一开五孔插座的结构如图3.30（a）所示，左侧标注L1和L2是开关的两个接线端子，右侧标注L的是火线，标注N的是零线，剩下的一个是接地线；开关控制插座的接线如图3.30（b）所示；开关控制灯具，插座独立使用的接线如图3.30（c）所示。

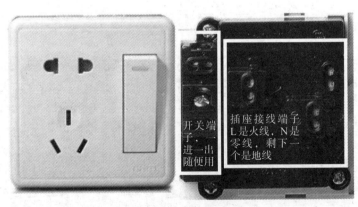

开关端子，一进一出随便使用

插座接线端子L是火线，N是零线，剩下一个是地线

（a）结构

图3.30　一开五孔插座的接线

（b）开关控制插座

（c）开关控制灯具，插座独立使用

续图3.30

3. 双开五孔插座的接线方法

双开五孔插座有两个开关，要求每个开关单独控制一盏灯，如果照明电源与插座电源不分，可以按照图3.31（a）所示接线；如果插座电源与照明电源是分开的，则按照图3.31（b）所示接线。

（a）方案一

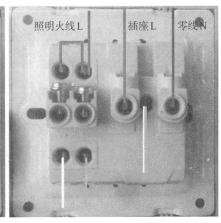

（b）方案二

图3.31 双开五孔插座的接线

知识窗 ···

明装开关插座

明装开关插座不需要底盒，安装简单，维护方便，如图3.32所示。

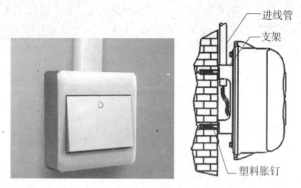

图3.32　明装开关插座

安装时，先将从底盒内甩出的导线由塑料台的出线孔中穿出，再将塑料台紧贴于墙面用螺丝固定在盒子或木砖上，如果是明配线，木台上的隐线槽应先顺对导线方向，再用螺丝固定牢固。塑料台固定后，将甩出的相线、地（零）线按各自的位置从开关、插座的线孔中穿出，按接线要求将导线压牢。然后将开关或插座贴于塑料台上，对中找正，用木螺丝固定。最后再把开关、插座的盖板上好。

···

3.3　照明灯具的安装

3.3.1　照明灯具安装要点

1. 室内照明灯具安装技术要求

① 安装照明灯具的最基本要求是经济、牢固、整齐、美观。

灯具安装应整齐美观，具有装饰性。在同一室内成排安装灯具时，如吊灯、吸顶灯、嵌入顶棚的装饰灯具、壁灯或其他灯具等，其纵横中心轴线应在同一直线上，中心偏差不得大于5mm。嵌装在顶棚上的灯具应分别固装在专设框架上，灯罩边框边缘应紧贴在顶棚安装的隔栅，荧光灯具以及其他灯具的边缘应与顶棚的拼装直线平行。隔栅荧光灯具的灯管应整齐，其金属隔栅不得有弯曲和扭斜等缺陷，以使灯具在室内起到照明和装饰双重作用。

　　② 室内安装壁灯、床头灯、台灯、落地灯、镜前灯等灯具，高度在2.4m及以下时，灯具的金属外壳均应可靠接地，以保证使用安全。

　　③ 卫生间及厨房装矮脚灯头时，宜采用瓷螺口矮脚灯头座。螺口灯头接线时，相线（开关线）应接在中心触点端子上，零线接在螺纹端子上，如图3.33所示。

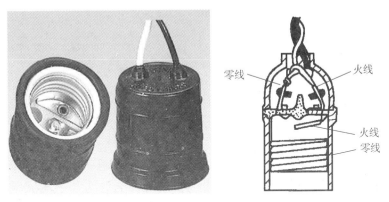

图3.33　螺口灯头的接线

　　④ 在装饰吊顶安装各类灯具时，应按照灯具安装说明的要求进行安装。灯具重量大于3kg时，应采用预埋吊钩或从屋顶用膨胀螺栓直接固定支吊架安装（不能用吊平顶或吊龙骨支架安装灯具），如图3.34所示。从灯头箱盒引出的导线应用软管保护至灯位，防止导线裸露在吊顶内。

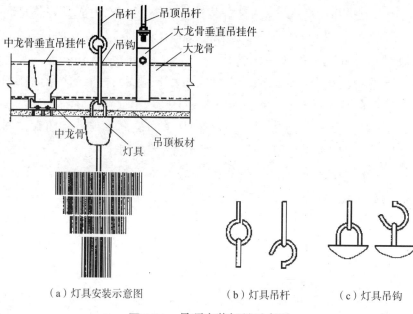

（a）灯具安装示意图　　　　（b）灯具吊杆　　　　（c）灯具吊钩

图3.34　吊顶安装灯具示意图

⑤ 在同一场所安装成排灯具时一定要先弹线定位，再进行安装，中心偏差应不大于2mm。要求成排灯具横平竖直，高低一致；若采用吊链安装，吊链要平行，灯脚要在同一条线上。

⑥ 灯具安装过程中，要保证不得污染、损坏已装修完毕的墙面、顶棚、地板。

2. 室内照明灯具安装步骤

应在屋顶和墙面喷浆、油漆或壁纸及地面清理工作基本完成后，才能安装灯具。室内照明灯具安装步骤如图3.35所示。

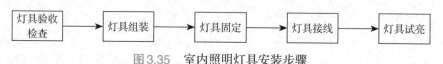

图3.35　室内照明灯具安装步骤

3. 安装灯具的注意事项

① 安装前必须检查灯具导线、紧固件、连接件及配件是否齐全、完好，并明确安装顺序。

② 检验灯具有无暴露在外的导线，螺口灯头相线是否进中心端子，安装固定灯具座的尼龙膨胀管或膨胀螺栓有无质量问题，灯头的材质如何，灯头绝缘外壳有无破损，灯具的额定电压、电流、功率是否与设计要求一致。

③ 膨胀管的直径与冲击钻必须匹配，严禁因孔过大而用木片等物衬垫。

④ 屋顶天花板若为预制板，安装吊灯要用配套的金属吊件，严禁用木榫。

⑤ 若未设置预埋件，则不可安装重质灯具。

⑥ 若灯具为吊灯，不论钢丝或铁链均须具有足够的强度，且电源线不应拉紧，应适度松弛。

> 💡 **提示**
>
> 家庭室内灯具的颜色可用白色、黄色和蓝色（紫色）等。其他颜色不建议使用，尤其是红色和绿色。

3.3.2 吊灯的安装

餐厅吊灯一般用吊杆或吊索吊装在天花板（或吊顶）上，吊灯的安装步骤如下：

① 根据吸顶盘（或固定条）的开孔尺寸，用电锤在吊顶上钻孔，如图3.36（a）所示；把尼龙胀管塞到钻好的孔中，如图3.36（b）所示（如果灯具较重，建议采用膨胀螺栓来固定）。

尼龙胀管

（a）钻孔　　　　　　　　　　（b）塞入尼龙胀管

图3.36　钻孔和塞入尼龙胀管

② 用自攻螺钉将固定板固定，如图3.37所示。

图3.37　安装固定板

③ 把预留的电源线抽出来，接线时，火线接L，零线接N，如图3.38所示。

电线连接

图3.38　接线操作

④ 吸顶盘的孔对准固定板上的螺杆，将吸顶盘固定在固定板上，并拧紧螺母，如图3.39所示。此时，灯具的主体部分已经固定在吊顶上了。

图3.39 固定吸顶盘

⑤ 装上灯泡，在挂钩上挂好灯罩，灯具安装完成，如图3.40所示。

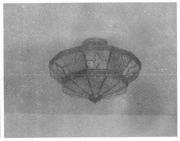

图3.40 装灯泡和灯罩

⑥ 通电试灯，如图3.41所示。

图3.41 通电试灯

提示

比较重的吊灯，需要用挂板来稳固灯具，在现浇混凝土实心楼板上固定挂板的步骤及方法如 图3.42 所示。一般采用直径为6mm的钻头在天花板上打孔。

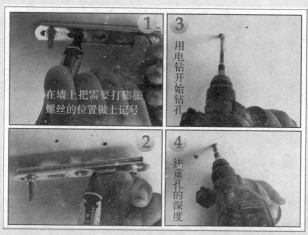

（a）钻　孔

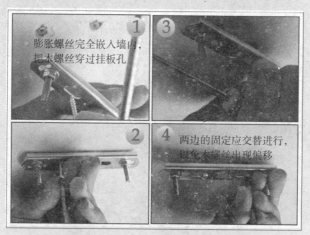

（b）固定挂板

图3.42　固定挂板

3.3.3 吸顶灯的安装

1. 吸顶灯的主要部件

吸顶灯可直接装在天花板上，安装简易，款式简单大方，赋予空间清朗明快的感觉。常用的吸顶灯有方罩吸顶灯、圆球吸顶灯、尖扁圆吸顶灯、半圆球吸顶灯、半扁球吸顶灯、小长方罩吸顶灯等，如图3.43所示，其安装方法基本相同。

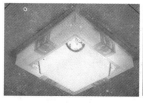

（a）方罩吸顶灯　　　　　（b）圆球吸顶灯

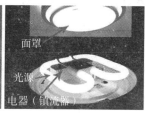

面罩

光源

电器（镇流器）

（c）尖扁圆吸顶灯　　　　（d）半扁球吸顶灯　　　　（e）小长方罩吸顶灯

图3.43　常用吸顶灯

下面我们先介绍有关吸顶灯的两个重要附件，见表3.2。

表3.2　吸顶灯的附件

附 件	说 明	图 示
吸顶盘	与墙壁直接接触的圆、半圆、方形金属盘，是墙壁和灯具主体连接的桥梁	

续表3.2

附　件	说　明	图　示
挂板	连接吸顶盘和墙面的桥梁，出厂时挂板一般固定在吸顶盘上，通常形状为一字形、工字形、十字形	

　　吸顶灯一般采用方形或环形荧光灯管作为光源，为了让荧光灯管能够正常发光，还需要配套的电子镇流器，如图3.44所示。

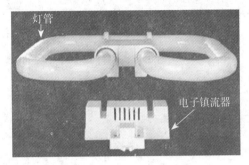

图3.44　荧光灯的主要部件

2. 吸顶灯的安装步骤及方法

（1）接线。

　　拆开包装，先把吸顶盘接线柱上自带的线头去掉，并把灯管取出来，如图3.45所示。

图3.45　拆除吸顶盘接线柱上的连线并取下灯管

在固定吸顶盘之前，将220V的相线（从开关引出的）和零线连接在接线柱上，与灯具引出线相连接。有些吸顶灯的吸顶盘上没有设计接线柱，可将电源线与灯具引出线连接，并用黄腊带包紧，外包黑胶布。将接头放到吸顶盘内，如图3.46所示。

图3.46　在接线柱上接线

（2）固定吸顶盘和灯座。

把吸顶盘的孔对准预埋的螺丝，将吸顶盘及灯座固定在天花板上，如图3.47所示。

图3.47　固定吸顶盘和灯座

（3）安装灯管。这时可以试灯，看是否会亮，如图3.48所示。

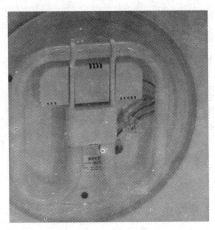

图3.48 安装灯管

（4）安装装饰配件。安装装饰配件后把灯罩盖好，如图3.49所示。

图3.49 安装灯罩

3.3.4 水晶灯的安装

目前，水晶灯的电光源主要有节能灯、LED或者是节能灯与LED的组合。由于大多数水晶灯的配件都比较多，安装时一定要认真阅读说明书。

1. 开箱检查

① 打开包装，取出包装中的所有配件，检查配件是否齐全，有无破损，如图 3.50 所示。

图 3.50　打开包装检查配件

② 接上主灯线通电检查，测试灯具是否有损坏，如图 3.51 所示。如果有通电不亮灯等情况，应及时检查线路（大部分是运输中线路松动）；如果不能检查出原因，应及时同商家联系。这个步骤很重要，否则如果配件全部挂上后才发现灯具部分不亮，又要拆下，徒劳无功。

图 3.51　通电试灯，测试灯具是否有损坏

2. 灯具组装

（1）铝棒、八角珠及钻石水晶的组装。

铝棒、八角珠、钻石水晶等配件的数量很多，其组装过程见表 3.3。

表3.3 铝棒、八角珠及钻石水晶的组装

步　骤	方　法	图　示
1	用配件中的小圆圈扣在铝棒的孔中	
2	将丝杆拧入4颗螺杆中	
3	把八角珠和钻石水晶扣在一起	

（2）底板上组件的安装。

水晶灯底板上的组件比较多，其安装方法见**表3.4**。

表3.4 底板上组件的安装步骤

步　骤	方　法	图　示
1	把扣好小圆圈的铝棒扣到底板的固定架上	

步 骤	方 法	图 示
2	把钻石水晶扣在底板中央的固定扣上	
3	把装好螺杆的亚克力脚固定在底板上，一共8只	
4	把装好螺牙的螺杆也固定在底板上	
5	装好光源（灯泡）	

续表3.4

步　骤	方　法	图　示
6	卸下十字挂板上的螺丝	
7	按照固定孔的位置锁紧挂板上的螺钉	

3. 固定挂板和安装配件

① 将十字挂板固定到天花板上，如图3.52所示。注意天花板的材质，示例中的天花板为木质。

图3.52　将十字挂板固定到天花板上

② 将底板固定在天花板上，如图3.53所示。

图3.53　将底板固定在天花板上

③ 灯具其他配件的安装方法见表3.5。

表3.5　灯具其他配件的安装

步　骤	方　法	图　示
1	用螺杆将灯罩固定到灯头上，每个灯头有3个螺杆	
2	用螺杆将钢化玻璃固定	
3	将玻璃棒插入到固定好的亚克力脚中	

续表3.5

步 骤	方 法	图 示
4	试灯	

4. 水晶灯安装注意事项

① 打开包装后，先对照图纸的外形，看看有哪些配件需要组装，一般情况下，吸顶灯都已装好了，但为了包装方便，可能有部分组件没有组装，这时需要组装上。

② 组装完毕后，把挂板固定到天花板上，其方法与前面介绍的吸顶灯挂板安装方法相同。

③ 固定灯具时，需要2～3人配合，如图3.54所示。

图3.54　多人配合固定水晶灯

④ 在安装过程中要注意按照顺序进行安装，安装完成以后要仔细检查一下。

⑤ 安装灯具时，如果是带有遥控装置的灯具，必须分清火线与零线。

⑥ 如果灯具体积比较大，比较难接线的话，可以把灯体的电源连接线加长，一般加长到能够接触到地上为宜，这样就容易安装了，安装后可把电源线收藏于灯体内部，只要不影响美观和正常使用即可。

⑦ 为了避免水晶灯上印有指纹和汗渍，在安装时操作者应戴上白色手套。

3.3.5 其他常用灯具的安装

1. LED 灯带的安装

（1）LED灯带简介。

LED灯带是指把LED组装在带状的FPC（柔性线路板）或PCB硬板上，因其产品形状像带子一样而得名。LED灯带功率很小，大约为3~5W/m，所以比T4/T5灯管要节能得多，能够适应不同的吊顶形状。

室内装修一般选择圆二线、扁三线、扁四线的LED灯带。圆灯带要比扁灯带亮度小，但价格便宜。

在吊顶、墙壁等地方预留10cm宽的灯槽，在灯槽中安装LED灯带作为辅助装饰光源是近年来家庭室内装修的一种潮流，如图3.55所示。

图3.55　LED灯带在室内装修中的应用

提示

　　LED灯带因为采用串并联电路，可以每3个一组任意剪断而不影响其他组的正常使用。对于装修时的因地制宜有好处，而且还不浪费，多余的LED灯带可以用于其他地方。

　　防水型LED灯带还可以放在鱼缸中，让灯带的光芒在水底闪耀，对于家居装饰来说也是一个极大的亮点。

（2）LED灯带的配件。

安装LED灯带所需要的配件主要有整流电源线、中间接头、尾塞和固定夹，见表3.6。

表3.6　LED灯带及配件

配件名称	图　示	作　用
整流电源线		用于将220V电源转换为低压直流电流（一般为直流12V电压），为灯带供电。有的产品还有灯光变换控制功能 灯带控制器大致分为渐变和跳变两种，一般应用于彩色灯带。接入不同的灯带控制器可使灯带的颜色按照不同规律不断变化，从而得到不同的灯光效果
中间接头		用于灯带长度不够时将两段灯带连接起来安装
尾塞		用于封闭和保护LED灯带的尾部端头

配件名称	图　示	作　用
固定夹		安装时配合钉子用于固定灯带

（3）安装灯带。

LED灯带安装的步骤及方法如下：

① 现场测量尺寸，确定所需灯带的米数及配件。图3.56所示为某客厅LED灯带米数及配件确定的方法。

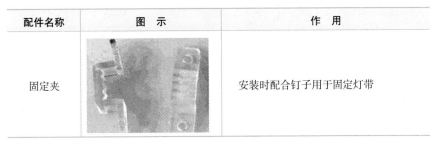

例：周长4.8 m
您需要5m灯带+一个插头

例：周长12+12m
您需要24 m灯带+两个插头

灯带是以米为单位计算的（每1m或2m为一单元），单元内不能裁剪。测量尺寸后，要选择整米的或者整2米的灯带长度

图3.56　确定LED灯带米数及配件数量

② 根据测量后的计算结果加工灯带，截取匹配的长度，一般采用剪刀在LED灯带上标注有"剪刀"的标记处剪断灯带，如图3.57所示。

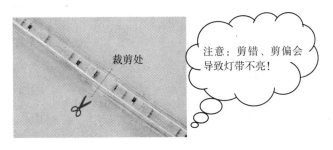

裁剪处

注意：剪错、剪偏会导致灯带不亮！

图3.57　根据计算长度剪断灯带

③ 在吊顶的灯槽里，把LED灯带摆直，用固定夹固定好灯带，也可以用细绳或细铁丝固定。

④ 连接LED灯带的电源线。

LED灯带一般为直流12V或者24V电压供电，因此，需要使用专用的开关电源供电，电源的大小根据LED灯带的功率和连接长度来定。如果不希望每条LED灯带都用一个独立电源来控制，可以购买一个功率比较大的开关电源作为总电源，然后把所有LED灯带的输入电源全部并联起来，统一由总开关电源供电，如图3.58所示。这样做的好处是可以集中控制，缺点是不能实现单个LED灯带的点亮效果和开关控制。具体采用哪种方式，可以由用户自己去决定。

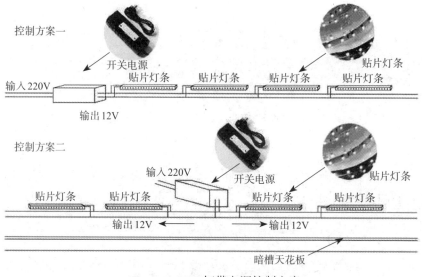

图3.58　LED灯带电源控制方案

每条LED带灯必须配一个专用电源插头。连接时，先要将透明塑料盖板取下，接好试灯后再盖上，如图3.59所示。

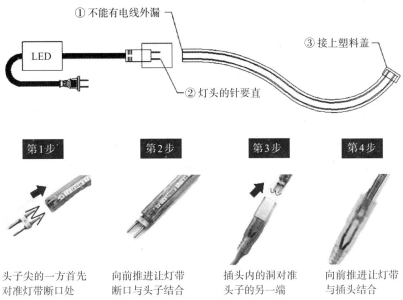

① 不能有电线外漏

③ 接上塑料盖

② 灯头的针要直

第1步	第2步	第3步	第4步
头子尖的一方首先对准灯带断口处	向前推进让灯带断口与头子结合	插头内的洞对准头子的另一端	向前推进让灯带与插头结合

图 3.59　LED灯带与电源线连接的方法

 提示

　　有些LED灯带背面有自粘性的双面胶，安装时可以直接撕去双面胶表面的贴纸，然后把灯带固定在需要安装的地方，用手按平就好了。

　　灯带有正负极，若灯不亮，可换个方向插入即可，如图3.60所示。

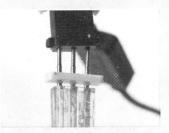

图 3.60　插入电源线端子

（5）安装LED灯带的注意事项。

① 注意LED灯带的剪断位置。普通LED灯带是以3个LED为一组的串并联方式组成的电路结构，每3个LED即可以剪断单独使用。贴片型的LED灯带，在每1m处有剪断标记，只能在标志处剪断，剪错或剪偏会导致1m灯带不亮。

② 注意LED灯带的连接距离。在实际操作过程中必须注意LED灯带的连接距离。一般来说，3528系列的LED灯带，其连接距离最长为20m，5050系列的LED灯带，最长连接距离为15m。如果超出了这个连接距离，则LED灯带很容易发热，使用过程中会影响LED灯带的使用寿命。因此，安装的时候一定要按照厂家的要求进行安装，切忌让LED灯带超负荷运行。

③ 如果不是220V灯带，请勿直接用AC 220V电压去点亮灯带。

④ 灯带与电源线连接时，正、负极不能接反。

⑤ 静电容易损坏LED灯带，因此，安装操作时最好是戴上静电环作业。

⑥ 在整卷灯带未拆离包装物或堆成一团的情况下，切勿通电点亮LED灯带。

⑦ 灯带相互串接时，每连接一段，即试点亮一段，以便及时发现正负极是否接错和每段灯带的光线射出方向是否一致。

⑧ 灯带的末端必须套上尾塞，用夹带扎紧后，再用中性玻璃胶封住接口四周，以确保安全使用。

2. 嵌入式筒灯、射灯的安装

家用嵌入式筒灯和射灯的安装步骤及方法基本相同，见表3.7。

表3.7 嵌入式筒灯的安装步骤及方法

步 骤	方 法	图 示
1	在吊顶板材上定位，并按照筒灯的大小开孔	天花板开孔
2	连接AC 220V电源，接头要连接牢固，要求处理好绝缘	接好AC 220V电源 弹簧扣
3	把灯筒两侧的固定弹簧向上扳直，插入开孔后的吊顶中，此时，应确认灯具和开孔尺寸是否符合要求	将弹簧扣垂直 然后放到天花板上
4	确认灯具和开孔尺寸符合要求后，把灯筒推入圆孔直至推平，扳直的弹簧会自动向下弹回，撑住顶板，灯具会牢固地卡在吊顶上	弹簧扣 天花板
5	装上灯泡，通电试灯	

安装筒灯的注意事项如下：

① 筒灯应安装在无震动、无摇摆、无热源隐患的平坦地方，注意避免高空跌落，硬物碰撞，敲击，以免影响寿命。

② 筒灯工作时有热量产生，注意不要靠墙太近，以免使得墙体发黄。

③ 开孔尺寸一定要合适，尺寸过小，无法安装；尺寸过大，则影响美观。常用筒灯的尺寸规格见表3.8。

表3.8　常用筒灯的尺寸规格

筒灯规格	开孔尺寸	筒灯规格	开孔尺寸
2寸筒灯（$\Phi70$）	$\Phi90 \times 100H$	3.5寸筒灯（$\Phi100$）	$\Phi125 \times 100H$
2.5寸筒灯（$\Phi80$）	$\Phi105 \times 100H$	4寸筒灯（$\Phi125$）	$\Phi145 \times 100H$
3寸筒灯（$\Phi90$）	$\Phi115 \times 100H$		

注：H为开孔深度。

 知识窗 ··

筒灯和射灯的区别

筒灯是一种相对于普通明装的灯具更具有聚光性的灯具，一般用于普通照明或辅助照明。射灯是一种高度聚光的灯具，主要用于特殊照明，比如强调某个很有韵味或很有新意的地方。筒灯和射灯主要有以下两个方面的区别。

（1）从光源看。

筒灯可以装白炽灯泡，也可以装节能灯，筒灯的光源方向是不能调节的。射灯的光源是石英灯泡或灯珠，其光源方向可自由调节。

（2）从安装位置看。

筒灯一般安装在天花板内，要求吊顶有150mm以上的空间才可以装。当然筒灯也有外置型的。射灯一般可以分为轨道式、点挂式和嵌入式等多种。射灯一般带有变压器，但也有不带变压器的。嵌入式射灯可以装在天花板内。射灯主要用于需要强调或特别表现的地方，如电视墙、壁画、饰品等。

嵌入式筒灯和射灯在家庭装修中的应用如图3.61所示。

筒灯  射灯

图3.61 嵌入式筒灯和射灯的应用

第4章
常用电器的安装

4.1 浴 霸

4.1.1 浴霸简介

1.浴霸的功能

浴霸又称"室内加热器",是现代家庭使用比较普遍的加热电器,它是将浴室的取暖、红外线理疗、浴室换气、日常照明、装饰等多种功能集于一体的浴用小家电产品。大部分浴霸产品具有提升室内温度、照明以及换气的功能。

2.浴霸的种类

(1)按照取暖方式分类。

浴霸按照取暖方式不同分为灯暖浴霸、风暖浴霸和双暖流浴霸三种,见表4.1。

表4.1 不同取暖方式的浴霸比较

种 类	发热源	优 点	缺 点	图 示
灯暖浴霸	以特制的红外线石英加热灯泡作为热源,通过直接辐射加热室内空气	技术成熟;价格比较低廉;采暖迅速、供热集中、室内升温迅速	在较大浴室中会出现冷热不均的现象;灯暖型浴霸的光线比较刺眼,易伤害眼睛	

种 类	发热源	优 点	缺 点	图 示
风暖浴霸	以PTC陶瓷发热元件为热源	具有安全性高、供暖均匀、光线柔和升温快、热效率高、不发光、无明火、使用寿命长等优点，同时具有双保险功能，非常安全可靠，大浴室也可以得到均匀供热；装饰性好	加热时间较长，需预热，电力消耗多；价格相对较高	
双暖流浴霸	采用远红外线辐射加热灯泡和PTC陶瓷发热元件联合加热	具有灯暖和风暖的优点，取暖更快，热效率更高	相对于灯暖和风暖，双暖流浴霸价格较高，比较费电	

（2）按照安装方式分类。

浴霸按照安装方式的不同，可分为分壁挂式和吸顶式两种，见表4.2。

表4.2 不同安装方式的浴霸比较

种 类	特 点	安装条件	图 示
壁挂式浴霸	采取斜挂方式固定在墙壁上的浴霸，分为灯暖和灯暖、风暖二合一两种，具有灯暖、照明、换气的功能	对安装没什么限制，无论新房老房、正装修或者已经装修完的房子都可以安装壁挂式浴霸	
吸顶式浴霸	固定在吊顶上的浴霸，具有灯暖或风暖、照明、换气的功能，有些款式还具有防止房屋过于潮湿的干房技术。由于直接安装在吊顶上，吸顶式浴霸比壁挂式浴霸节省空间，更美观，沐浴时受热也更全面均匀，更舒适	适宜新房装修或者二次装修时安装；对吊顶有一定的厚度要求，有的还要达到18cm甚至20cm厚；浴室内要有多用插头，如果浴室内没有多用插头，则需要外接插头，则安装线路只能走明线，固定在墙上，不甚美观，也存在一定安全隐患	

提示

从外形上看，浴霸有蝶形、星形、波浪形、虹形、宫形等多种造形，主要有2个、3个和4个取暖灯泡的，其适用面积各不相同。一般2个灯泡的浴霸适合于4m²左右的浴室；4个灯泡的浴霸适合于6～8m²的浴室。

4.1.2 安装浴霸的技术要求

1.浴霸安装的注意事项

① 浴霸主机不应有歪斜现象，安装时，主机必须固定牢固，如图4.1所示。

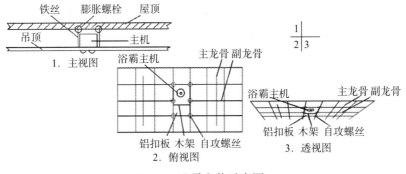

图4.1 浴霸安装示意图

② 吊顶安装时必须让浴霸面罩四周紧贴吊顶，其缝隙不应超过2mm。

③ 吊顶开孔尺寸不应大于样板5mm，夹层空间不足的吊顶开孔，应使安装完毕后的浴霸周边缝隙不超过3mm。

④ 吊顶安装后，浴霸距离地面应为2.1～2.3m（业主有特殊要求的除外）。

⑤ 2.5m以上的空间必须使用安装支架，如果业主坚持不用支架，则需向业主声明，浴霸安装过高，影响使用效果。使用支架固

定时必须加装弹簧垫圈、平垫。

⑥ 铁丝吊装时最少打两个膨胀螺栓，吸顶安装时应将铁丝分开呈"人"字形，由底盖穿入机体内，并在机体内照明灯座固定板上各绕两圈以上。带换气的浴霸在安装时，应在浴霸两侧至少各打一个膨胀螺栓，将铁丝拧紧在膨胀螺栓上并分成"人"字形，从机体两侧下沿固定孔穿出，在下沿内将铁丝两头拧在一起，不允许将铁丝穿出后自缠固定。

⑦ 浴霸机体必须压住扣板，决不允许扣板压住机体。

⑧ 带排风功能的浴霸必须安装挡风窗，并且将挡风窗方向摆正紧固在排风烟道中，排风管尽量拉直，少打弯，必须打弯时，应使其圆滑，防止"死角"产生风阻；如需对排风管进行加长连接，必须把两根排风管按螺纹方向旋紧，不允许直接用胶带进行连接。

⑨ 浴霸机体、开关内各接线柱的固定螺丝必须拧紧（包括出厂前与安装中用到的所有螺丝）。

⑩ 膨胀螺栓不准有悬挂在屋顶上的现象。

⑪ 空心楼板必须采用铁丝穿孔铰接方式。

⑫ 壁挂式浴霸安装后，浴霸下沿距离地面必须为1.7～1.8m（业主有特殊要求的除外）。

⑬ 明装开关盒，应最少用两个自攻螺丝固定，底盒与地面的平行度应控制在1～1.5mm以内。

⑭ 必须使用浴霸生产厂提供的原配开关，如图4.2所示，开关应安装在距地面1.4～1.5m位置。

（a）普通型　　　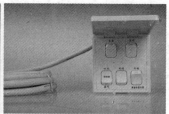（b）防水型

图4.2　浴霸开关

⑮接电源前，必须先断开电源，拉开刀闸或拔掉保险，再用试电笔检查，在确认无电的情况下方可接电源，严禁带电作业。如果在电源实在断不开的情况下必须作业时，必须戴绝缘手套，接电源时必须有人监护，如一人出外工作，可请业主协助监护。

⑯接线时，必须要将两个线头牢固拧接，不允许有虚接、挂接现象，并且做好绝缘，接头处胶布应半压两圈以上缠绕，浴室中的绝缘必须先用防水胶布进行包扎，然后再用绝缘胶布包扎，有接地线的必须将接地线接入机体。严禁将试机线作为电源线长时间使用，不得将电源线接在试机线上使用。

⑰无法在墙外安装风窗的（二楼以上），可把通风窗从墙内固定在通风孔内。

⑱浴霸机体接线完成后，必须安装接线端防护罩。

⑲对于有智能保护功能的浴霸，电源必须先进主机再进开关。

⑳安装面罩、取暖灯、照明灯之前必须先擦拭再进行安装。

㉑安装之后，必须清理安装现场。

2.浴霸安装位置的确定

某卫生间平面图如图4.3所示。A区域是湿区，洗澡的地方；B区域是干区，属于洗漱等用途的区域。浴霸应装在卫生间的干区，且适当靠近淋浴区（湿区）的吊顶上。这样安装，人在脱衣服和穿衣服时就不会感觉冷。

很多家庭将浴霸安装在浴缸或淋浴位置上方，这样做表面看起来冬天升温很快，但却有安全隐患。因为红外线辐射灯升温快，距离太近容易灼伤人体。

图4.3　某卫生间平面图

3.浴霸接线的技术要求

浴霸的功率最高可达1100W以上，因此，安装浴霸的电源配线必须是防水线。所有电源配线都要用PVC电线管敷设在墙内，绝不允许有明线设置，浴霸电源控制开关必须是带防水 10A 以上容量的合格产品。

① 在安装接线之前，应仔细查看说明书或机体上的电气接线图，在理清电路后再进行接线。导线的连接应牢固、可靠，电接触良好，机械强度足够，耐腐蚀、耐氧化，且绝缘性好。不同品牌浴霸的接线方法大同小异，图4.4所示为常用浴霸接线图。

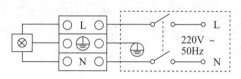

（a）灯暖（换气）系列浴霸（一）

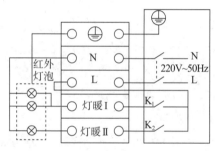

（b）灯暖（换气）系列浴霸（二）

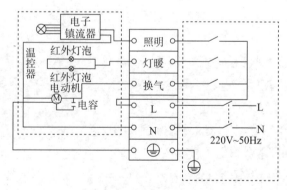

（c）灯暖（换气）系列浴霸（三）

图4.4　常用浴霸接线图

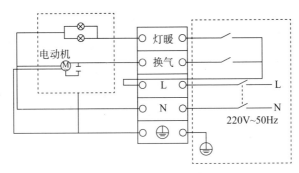

（d）灯暖（换气）系列浴霸（四）

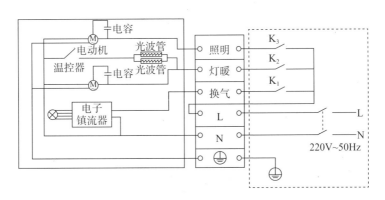

（e）灯暖（换气）系列浴霸（五）

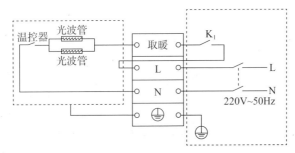

（f）风暖（灯管、碳纤维管、光波管、PTC）系列浴霸（一）

续图4.4

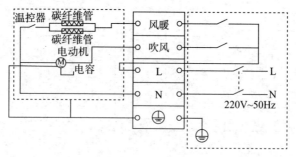

（g）风暖（灯管、碳纤维管、光波管、PTC）系列浴霸（二）

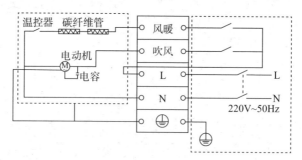

（h）风暖（灯管、碳纤维管、光波管、PTC）系列浴霸（三）

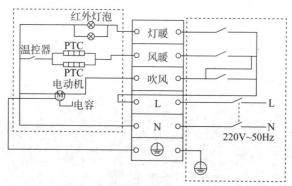

（i）风暖（灯管、碳纤维管、光波管、PTC）系列浴霸（四）

续图4.4

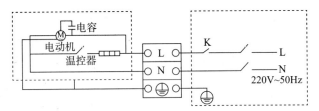

（j）风暖（灯管、碳纤维管、光波管、PTC）系列浴霸（五）

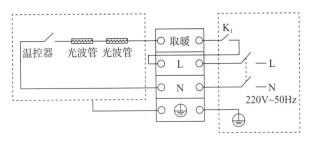

（k）风暖（灯管、碳纤维管、光波管、PTC）系列浴霸（六）

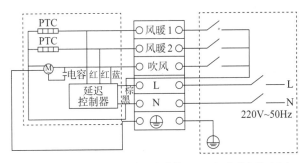

（1）风暖（灯管、碳纤维管、光波管、PTC）系列浴霸（七）

续图4.4

② 接开关及接线柱上的所有线头剥削要控制在6～10mm，其他线头按实际需要的长度进行剥削，开关线头不宜过长，一般不要超过10mm，如果太长应该剪掉多余部分，开关接线完毕后应将电线尽可能往线管里送，将电线理顺后再固定好开关。

③ 无论是单股还是多股芯线的线头，在接开关及接线柱插入针孔时，一要注意插到底；二是不得使绝缘层插进针孔，针孔外的裸

线头的长度不得超过3mm。同一接线端子最多允许接两根相同类型及规格的导线。

④ 禁止将零线接入开关线路内，不得将浴霸、开关的线路随意更改。

⑤ 可自动打开换气对箱体进行降温的浴霸，其相线（火线）应先从机器接入，禁止直接从开关内接入，以免造成换气开关不能自动打开。

⑥ 根据各功能相对应的颜色将互连软线或事先预埋导线接入接线柱或开关接线柱孔内，必须紧固接线，但也要防止用力过大使得螺栓接线柱端滑扣，发现已滑扣的螺栓或接线柱端子要及时更换。

⑦ 浴霸所配备的所有二芯插头线仅供试机使用，正式安装时应拆掉。安装浴霸的电源线必须能承载10A或15A以上的负载；电源线至少要采用$1.5 \sim 2.5\text{mm}^2$的单芯铜线。

⑧ 确保使用的是浴霸原配型号的开关。特别是风暖型浴霸，必须使用带有吹风、风暖字样的开关；有高低速换气的浴霸，必须使用有高低单键转换的开关。因开关本身有多种型号，禁止随意借用、代用。禁止将浴霸、通风扇的高速和低速并在一起；或高低速能够同时开启。必要时，在业主知情并同意的情况下，可以取消其中一个高速或低速。

⑨ 接线后应对所有连接进行检验，检查连接是否正确，重新紧固所有螺丝。

⑩ 浴霸应可靠接地或与卫浴间其他设施一起做等电位连接，若没有接地装置应在验收卡上确认免责任。禁止将中性线（零线）作为接地线使用。

4.1.3　在木制吊顶上安装浴霸

1.准备工作

在木制吊顶上安装浴霸的方法有两种：一种是采用拉丝吊装；一

种是在三角龙骨上左右各加一根双层30×30mm的小木方（一根长度为400mm，一根长度为260～280mm），浴霸直接固定在木方上。

下面介绍用小木方来固定安装浴霸的准备工作。

（1）确定浴霸安装位置。

为了取得最佳的取暖效果，浴霸应安装在浴室干湿区之间且靠近干区一侧中心部上方的吊顶上。吊顶的天花板要使用强度较佳且不易共鸣的材料。安装完毕后，浴霸灯泡距离地面的高度应在2.1～2.3m，过高或过低都会影响使用效果。

（2）开排风孔。

确定墙壁上排风孔的位置，应在吊顶上方略低于主机离心通风机罩壳的出风口，这样可以防止通风管内结露，水倒流入器具，在该位置开一个圆孔。安装无通风窗的排风管时，墙体开孔尺寸为直径105mm的圆孔，如图4.5（a）所示；一楼在墙外安装通风窗时，墙体开孔尺寸为直径105mm的圆孔，如图4.5（b）所示；二楼以上在墙内安装通风窗时，墙体开孔尺寸为直径120mm的圆孔，如图4.5（c）所示。

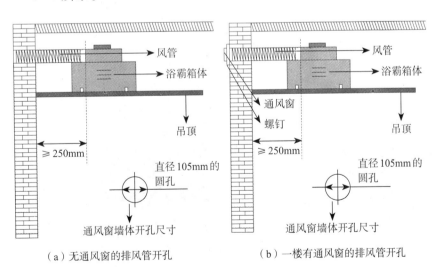

（a）无通风窗的排风管开孔　　　（b）一楼有通风窗的排风管开孔

图4.5 开排风孔

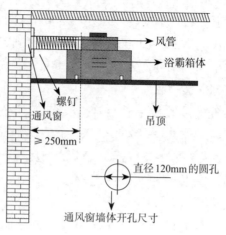

（c）二楼以上有通风窗的排风管开孔

续图4.5

（3）安装排风管。

排风管的一端套上通风窗，另一端从墙壁外沿通风窗固定在外墙出风口处，排风管与排风孔的空隙处用水泥或者硅胶填封，如图4.6所示。

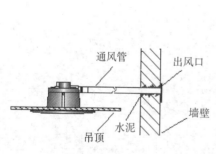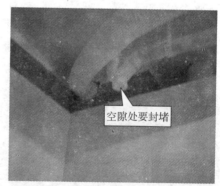

图4.6　安装排风管

排风管的长度一般为1.5m，在安装排风管时要考虑浴霸安装的位置中心至排风孔的距离不要超过1.3m。

（4）吊顶。

吸顶式浴霸必须安装在水平的吊顶上（壁挂机垂直挂在墙体上），吊顶安装的夹层高度应综合考虑浴霸安装需要的夹层高度以及吊顶距离地面的高度（夹层的高度需根据要安装浴霸的具体型号而定）。为了获得较好的取暖效果，吊顶距离地面的高度应尽量控制在2.1~2.3m。

吊顶安装时，应充分考虑浴霸的重量、开孔位置、开孔尺寸及浴霸的固定等问题。

（5）木方架制作。

下面以奥普浴霸FDP412K为例介绍其木方架的制作方法。

① 准备两根30×30mm或30×40mm的木龙骨（长度为1.5m左右），锯下两段265mm长的木龙骨备用，锯下来的两段木龙骨刚刚好可以轻松放入两根三角龙骨之中。

② 将锯下来的一段木龙骨的一侧重叠在另一根长1m左右的木龙骨正中间；再将两段木龙骨用3个长度为60mm以上的铁钉钉牢，将长出的铁钉弯折，也可以用4×60mm的木螺丝进行固定。用相同方法将另一段木龙骨固定，木龙骨固定后的侧面图如图4.7所示。

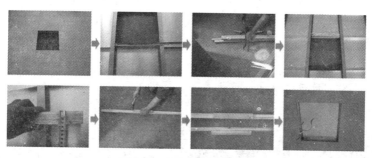

图4.7　木方架制作方法

③ 将两根钉好的木龙骨靠近扣板孔边缘，架在三角龙骨的上方，此时木龙骨的下表面应紧贴扣板的上表面，或略高于上表面即可。

在吊顶上开孔的注意事项如下：

① 浴霸开孔距离墙壁通风口需不小于250mm，如图4.8所示。

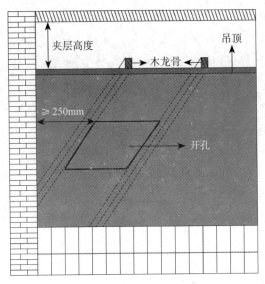

图4.8 确定浴霸开孔位置

② 在确定开孔位置时，应根据所安装浴霸的具体型号，按照说明书的开孔尺寸在吊顶上开出正方形或长方形的孔。

③ 开孔的等边边沿必须有木龙骨，木龙骨必须架在主龙骨或副龙骨上，并且足以承受浴霸的重量，使整个吊顶保持平整。

④ 若副龙骨质量不好，不足以承受浴霸重量，必须用吊杆或铅丝加固，以防止吊顶下垂。

2.浴霸固定与接线

（1）取下面罩。

图4.9 取下灯泡

把浴霸上所有灯泡拧下，将弹簧从面罩的环上脱开，并取下面罩。在拆装红外线取暖灯泡时，手势要平稳，切忌用力过猛，并将灯泡放置在安全的地方，以免安装操作时损坏灯泡，如图4.9所示。

（2）接线。

根据接线图，将连接软线的一端与开关面板接好，另一端与电源线一起从天花板开孔内拉出，打开箱体上的接线柱罩，根据接线图及接线柱标志所示接好线，盖上接线柱罩，用螺钉将接线柱罩固定，如图4.10所示。然后将多余的电线塞进吊顶内，以便箱体能顺利塞进孔内。

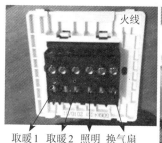
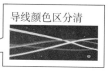

（a）开关接线 （b）主机接线

图4.10 浴霸接线

（3）连接通风管。

在悬挂浴霸前，把通风管伸进室内的一端拉出，套在离心通风机罩壳的出风口上，通风管的走向应保持笔直，如图4.11所示。

图4.11 连接通风管

（4）固定。

用4个直径4mm、长20mm的木螺钉将箱体固定在吊顶的木架上。

3. 最后的装配工序

（1）安装面罩。

将面罩定位脚与箱体定位槽对准后插入，把弹簧勾在面罩对应的挂环上。扣板安装完成后，把扣板和角线以及角线和墙面之间的缝隙用玻璃胶密封。

（2）安装灯泡。

细心地旋上所有灯泡，使之与灯座保持良好电接触，然后将灯泡与面罩擦拭干净，如图4.12所示。

图4.12　浴霸安装完成

（3）固定开关。

将浴霸开关固定在墙上，如图4.13所示。

图4.13　将浴霸开关固定在墙上

4.1.4　在PVC吊顶上安装浴霸

在装好PVC吊顶的卫生间安装浴霸时，我们可先在吊顶上开孔，再用铝合金转换框来安装浴霸，其安装步骤及方法见表4.3。

表4.3　用铝合金转换框安装浴霸的步骤及方法

序　号	步　骤	图示操作方法
1	确定开孔位置	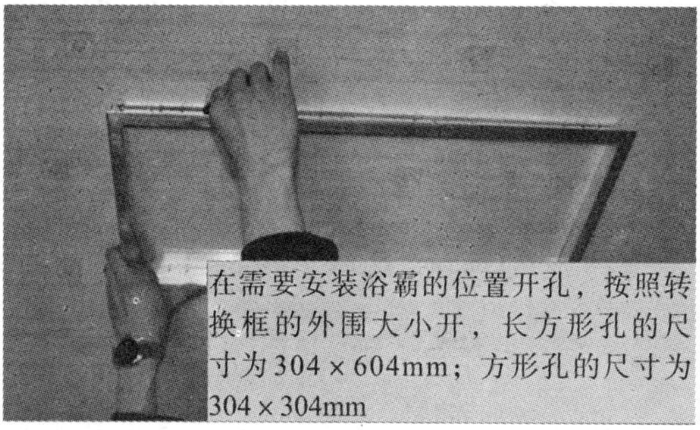 在需要安装浴霸的位置开孔，按照转换框的外围大小开，长方形孔的尺寸为304×604mm；方形孔的尺寸为304×304mm
2	画线	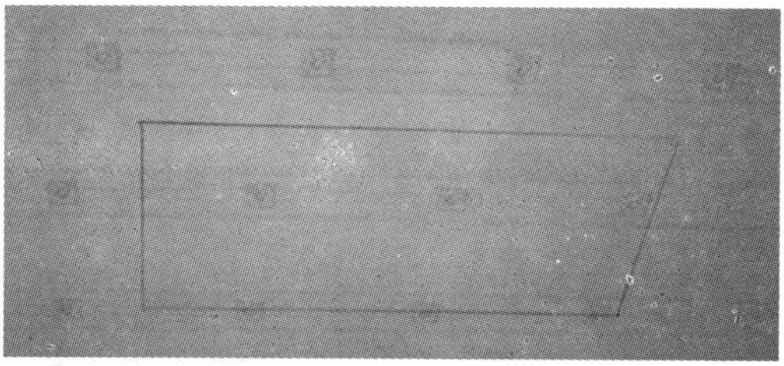
3	开孔	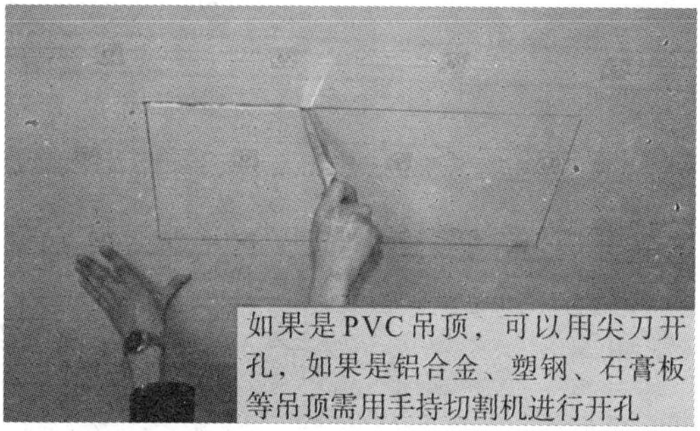 如果是PVC吊顶，可以用尖刀开孔，如果是铝合金、塑钢、石膏板等吊顶需用手持切割机进行开孔
4		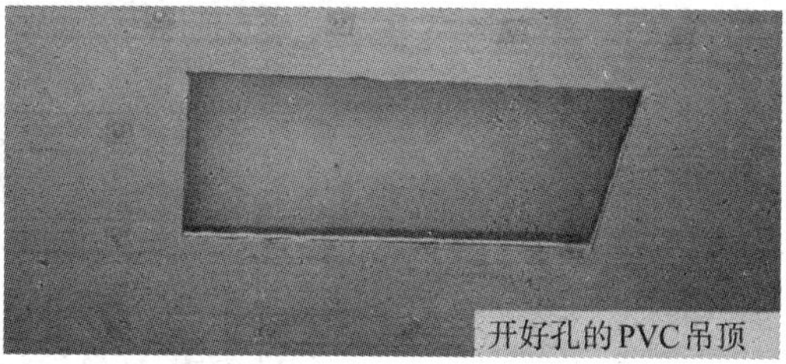 开好孔的PVC吊顶

序　号	步　骤	图示操作方法
5	制作木框	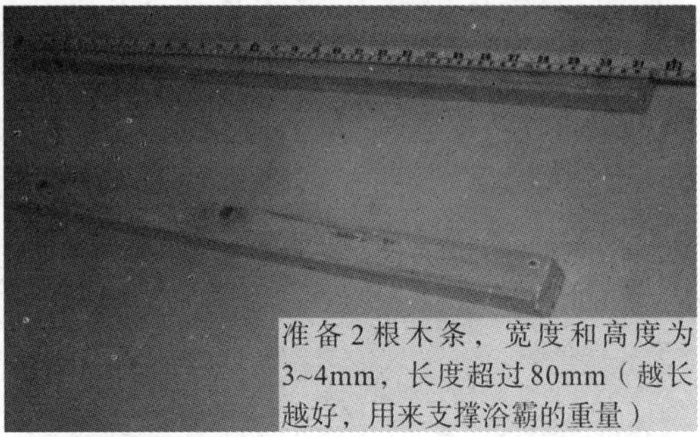 准备2根木条，宽度和高度为3~4mm，长度超过80mm（越长越好，用来支撑浴霸的重量）
6		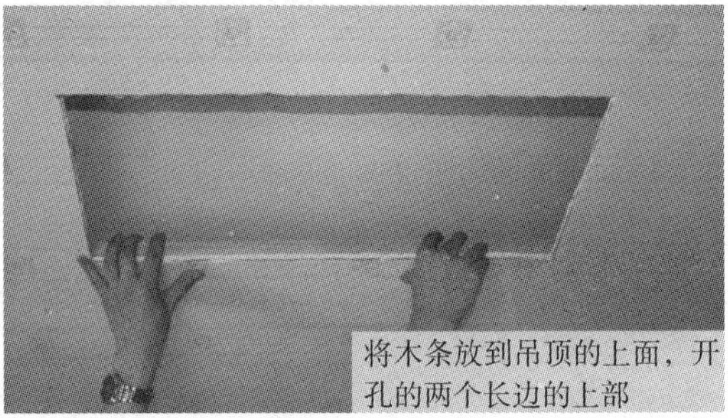 将木条放到吊顶的上面，开孔的两个长边的上部
7	制作木框	 将木段放到吊顶的上面，开孔的两个长边的上部
8	安装铝合金转换框	 将安装框放到安装孔内

序 号	步 骤	图示操作方法
9	安装铝合金转换框	用木螺丝把卡片和框一同固定在木条上（每个长边上2个，两边一共4个卡片）
10		把卡子装在箱体的4个角上，用螺钉固定好
11	固定浴霸主机	把上好卡子的机体侧过来放到开孔的上面，直接趴在木条上，接好导线
12		

167

序　号	步　骤	图示操作方法
13	固定浴霸主机	把面罩卡进框内
14	安装灯泡	拧上灯泡就可以了

 知识窗···

在铝扣板上安装浴霸

在 300×300mm 的铝扣板上安装浴霸时，只需要在安装浴霸的位置去掉一块扣板留出一个孔，就解决了浴霸和扣板规格不合，需要开孔的问题。如果浴霸位置固定后客户觉得不满意，可随意变换位置。集成吊顶的三角龙骨的间距为 270mm，浴霸箱体刚刚好可以直接放入，因此不需要再将龙骨截掉，如图 4.14 所示。

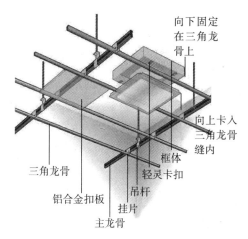

向下固定
在三角龙
骨上

向上卡入
三角龙骨
缝内

框体

三角龙骨　　轻灵卡扣

铝合金扣板　吊杆

挂片

主龙骨

浴霸刚好占用一块
扣板的位置

图4.14　在铝扣板上安装浴霸

4.1.5　在集成吊顶上安装取暖模块

1. 取暖模块简介

　　集成吊顶的取暖模块之所以可以颠覆传统浴霸，不仅在于其安全性更强的结构设计，同时由于各类新型取暖技术和材料的应用，集成吊顶的取暖模块已不局限于单一取暖，渐渐成为室内空气温度控制系统，见表4.4。

表4.4　集成吊顶取暖器相比传统浴霸的优势

序　号	优　势	性能介绍
1	采用开放式结构设计	集成吊顶的取暖模块的创新之处在于打破浴霸的箱体式设计，采用开放式金属支架结构设计，令功能电器模块工作时热量散发更快，较好地解决了长时间高温积聚的安全隐患问题
2	多项新技术应用	集成吊顶的取暖模块由于其模块化的技术理念，使得其应用研发空间很大。如带负离子发生器的空调型PTC风暖技术、健康安全的红外碳纤维取暖技术等，不仅有效调节室内空气温度，同时通过换气系统加快室内空气循环，使得整个空间温度得到均匀提升。这一点完全区别于浴霸单纯取暖的缺陷

序　号	优　势	性能介绍
3	卫浴空间均匀取暖	集成吊顶的取暖模块采用线性设计方案，暖灯大距离，"一"字形排列，合理的分散热量，卫浴空间可均匀取暖，从而有效避免传统浴霸"头热脚凉"的现象
4	更加美观	面板采用新型环保材料，色彩均匀，永不褪色。比传统浴霸高度更低，可增大卫浴空间，减少压抑感
5	更安全、更健康	采用高温材料和新技术，防爆性能提高，使用安全；光线柔和，有利于保护视力
6	节能	相较于传统浴霸，更加省电，节能

2.常用集成吊顶取暖模块

（1）灯泡系列取暖模块。

灯泡模块以特制的红外线石英加热灯泡作为热源，通过直接辐射加热室内空气，不需要预热，可在瞬间获得大范围的取暖效果，也是目前市场上应用最广泛的一种取暖模块，如图4.15所示。

每个灯泡275W

图4.15 灯泡取暖模块

灯泡模块所采用的灯泡有机制灯泡和人工灯泡两种，每个灯泡的功率为275W。机制灯泡的高度为14cm，厚度均匀，寿命更长；人工灯泡的高度为16.5cm，厚度不均匀，易碎。

（2）PTC系列取暖模块。

PTC实际上是一种陶瓷电热元件。以PTC陶瓷发热元件作为热源，具有升温快、热效率高、不发光、无明火、使用寿命长等优点，超过设定温度可自动断电，非常安全可靠。

集成吊顶中的PTC主要有陶瓷PTC和金属PTC两种。陶瓷PTC

表面带电，在铝与铝之间放置陶瓷片；金属PTC是把陶瓷片放进一根管道内，使PTC表面发热而不带电，使用寿命比陶瓷PTC还要长久，也更安全，如图4.16所示。

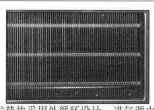

PTC发热块采用外循环设计，进气源由室外空气进入风道内，取暖状态下，送出干燥温暖的空气。与传统的灯暖模块相比，升温更加迅速

全铝式风轮采用加大型静音设计，拥有超大风量。出风更顺畅，更均匀，噪声也更小

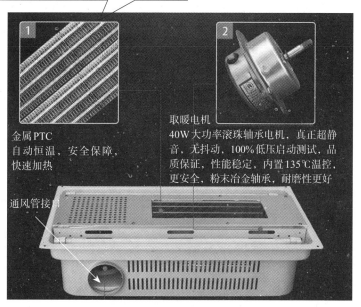

金属PTC
自动恒温，安全保障，
快速加热

通风管接口

取暖电机
40W大功率滚珠轴承电机，真正超静音，无抖动，100%低压启动测试，品质保证，性能稳定，内置135℃温控，更安全，粉末冶金轴承，耐磨性更好

图4.16　PTC取暖模块

（3）碳纤维系列取暖模块。

碳纤维是一种纯黑的发热材料，碳纤维取暖模块具有升温迅速、发热均匀、热辐射传递距离远、热交换速度快等特点，碳纤维取暖模块如图4.17所示。

一根碳丝是650W，两根是1300W，连续点烧时间大于6000h以上

图4.17　碳纤维取暖模块

碳纤维取暖模块发出的远红外线，具有强烈的渗透能力，能够迅速渗透皮下组织，使体内水分子产生共振，皮下深层的温度升高，从内部温暖身体，给予细胞活力。远红外线还可有效促进身体不同部位的血液循环，血液溶速加快，淤血等代谢障碍物逐渐消除，可以有效预防酸痛不适，舒解肌肉僵硬，消除疲劳，改善神经痛，消除亚健康状况。

碳纤维取暖模块的光线柔和，无耀眼的可见光污染，长时间照射不刺眼，不灼伤，皮肤不干燥。

3. 集成吊顶取暖模块的安装

（1）电线预留。

卫生间需预留电线4～6组，方便安装照明、取暖、换气、凉风以及空调等电器模块；面积大的卫生间如需安装两组照明时还要多留一组线。

提示

照明线路为1.5mm² 或者2.5mm² 铜芯线，取暖模块的线路为2.5mm² 铜芯线。

（2）安装取暖电器主机。

由于不同厂家取暖电器主机的结构有所不同，安装主机的方法有打孔安装和卡扣安装两种方法。

① 打孔安装取暖电器主机。为了便于读者理解下面的内容，我们先要区分吊顶内的三角龙骨和主龙骨，如图4.18所示。

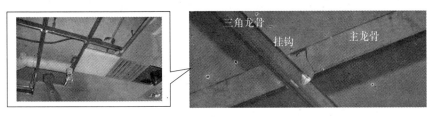

图4.18　三角龙骨和主龙骨特写

在三角龙骨上安装取暖电器主机时，初学者可先用铝扣板试装，确定主机的正确位置，将包装盒内的"钻孔模板"贴在固定主机的位置，再进行打孔（用电钻打ø2.5mm的孔），然后固定主机。

有一定安装经验的电工可直接安装电器主机，先在主机实际安装孔位打孔（用电钻打ø2.5mm的孔），再用主机附带的自攻螺钉将主机牢牢地固定在三角龙骨上。

② 卡扣安装取暖电器主机。首先将与电器主机配套的卡扣放入电器主机边缘的卡孔中，如图4.19（a）所示；然后将卡扣与电器主机边框固定，如图4.19（b）所示；待4个角的卡扣安装完成后，再将4个角的卡扣卡在三角龙骨架上，如图4.19（c）所示；最后将电器主机面板卡进三角龙骨，如图4.19（d）所示。

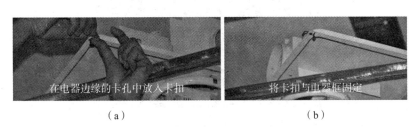

（a）　　　　　　　　　　　　　　（b）

图4.19　用卡扣安装取暖电器主机的方法

将电器4个角的卡扣片卡住三角龙骨

（c）

把电器的面板卡进三角龙骨

（d）

续图4.19

 提示

　　① 在安装灯暖主机时，应先旋入取暖灯泡，拧松灯暖支架的活动螺钉，调整取暖灯泡的位置，取暖灯泡外露的标准为：取暖灯泡的铝层与面板平齐，尺寸为30mm；风暖主机的PTC发热块距离面板5mm。

　　② 换气扇的安装位置应距通风孔1300mm以内，通风管长1500mm，注意通风孔应在吊顶的上方且略低于换气扇的出风口，以防止通风管内露水倒流。

（3）接线。

　　先将预留的零线接在电器主机的N接线端，预留的火线通过开关与电器主机上的相应接线端连接，如图4.20所示。

图4.20　主机接线

根据开关各挡位对应的功能，依次连接对应各功能的导线，如图4.21所示。

根据开关各挡对应的功能依次对应相接

图4.21 控制开关接线

 提示

在集成吊顶上安装传统浴霸，要先预留好浴霸的位置和尺寸，然后在集成吊顶预留位置的四周装上木条，这样老式浴霸就可以固定在集成吊顶上了。注意，木条要固定在集成吊顶的龙骨上面才行。有些型号的浴霸需要木匠配合在吊顶板上固定木方架才能安装。

4.1.6 壁挂式浴霸的安装

1. 确定安装位置及高度

壁挂式浴霸的安装高度为1.8～2.0m。做记号的两点应与地面高度一致，如图4.22所示。

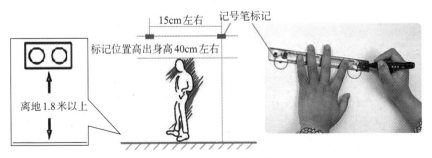

图4.22 确定安装位置及高度

2. 固定挂件

先在记号位置钻孔，再打入塑料膨胀螺栓套，将挂件固定在墙壁上，如图4.23所示。

步骤1　在记号的位置钻孔

步骤2　打入塑料膨胀管

步骤3　把螺丝钉定在膨胀管上

步骤4　安装挂件固定完成

图4.23　固定挂件

3. 安装浴霸主机

将浴霸主机挂在墙壁挂件上，如图4.24所示。

浴霸背面的安装孔对准挂件上面的挂钩
往上一挂轻松完成安装

浴霸安装实景图

图4.24　安装完成

提示

　　壁挂式浴霸的安装位置距离地面至少1.8m。具体的安装高度可根据业主的身高进行调整。

4.2 换气扇

4.2.1 换气扇简介

　　1. 家用换气扇的种类

（1）按照安装方式分类。

　　换气扇又称排气扇，按照安装方式可分为吸顶式、壁挂式和窗式三种，见表4.5。

表4.5　换气扇按照安装方式分类

序　号	种　类	性能特点	应用场所	图　示
1	吸顶式换气扇	外观较好，它由风扇、电机和管道三部分组成。吸顶式换气扇是单向运转，将室内的空气抽出，再通过管道和与管道相接的通风管将空气排出室外	一般安装在客厅、卫生间等居室的吊顶上	
2	壁挂式换气扇	体积较小，可镶嵌在墙壁上方。其抽风口的横截面较窄，导致换气力度较弱	适合在面积较小的卫生间内安装	
3	窗式换气扇	有单向、双向两种运转方式，既可将室内空气排出，又可将室外新鲜空气补充到室内，换气效果好	厨房、卫生间等均可安装	

（2）按照换气方式分类。

换气扇按照换气方式可分为单向换气扇和双向换气扇。

① 单向换气扇可分为连动式和风压式两种。连动式的特点是只有一种工作状态，即排气或进气，扇叶作单方向转动。连动开关为通断二位式：拉动开关，翻板张开，换气扇通电运转；再次拉动开关，换气扇断电停止运转，同时翻板闭合。

风压式换气扇无内设开关，只有排气工作状态，翻板与平衡配重杆连接，挂在柱轴上，当排气扇工作时，室内空气经面板进风口吸入形成风压吹动翻板张开，断电停止工作时，翻板在自重作用下下垂关闭。

② 双向换气扇的电动机可正反转，具有排气和进气双重功能。排气和进气由与翻板连动的开关操纵。其开关为双回路三位式转换型开关，一个回路控制电动机正反转，另一个回路控制指示灯。第一次拉动开关，翻板张开，扇叶顺时针旋转进气；再次拉动开关，翻板继续张开，扇叶逆时针转动排气；第三次拉动开关，翻板下落关闭，将室内外空气隔离。控制回路通过点亮不同颜色的指示灯显示相应的工作状态。

4.2.2　安装换气扇的技术要领

1. 适合安装换气扇的地点

换气扇是由电动机带动风叶旋转驱动气流，使室内外空气交换的一类空气调节电器，又称通风扇。换气的目的就是要除去室内的污浊空气，调节温度、湿度和感觉效果。一般来说，在家庭厨房、卫生间等空气流通不畅的场所，需要安装换气扇，如图4.25所示。

（a）卫生间安装换气扇　　　（b）厨房安装换气扇

图4.25　家用换气扇的应用

换气扇的安装高度应离地面2.3m左右。换气扇可以安装在窗户上，也可安装在墙壁上，其安装方法应根据安装位置的具体条件决定。

2. 换气扇安装的技术要求

换气扇安装要平稳，风机安装时注意风机的水平位置，不可有倾斜现象。

换气扇安装完成后，需检查风机内部是否留有遗留的工具和杂物。用手或杠杆拨动扇叶，检查是否有过紧或擦碰现象，有无妨碍转动的物品，无异常现象方可进行试运转；运转中如出现风机振动或电机有"嗡嗡"的异常声响或其他异常现象应停机检查并修复。同时，要对其周围密封性进行检查。如有空隙，可用阳光板或者玻璃胶进行密封。

4.2.3 在窗户上安装换气扇

下面分别介绍在木窗框和钢窗框上安装换气扇的方法。

1. 在木窗框上安装换气扇

根据换气扇的尺寸将窗户玻璃取下一块，换气扇装好后，将空余的部分用纤维板或胶合板封住。如果木窗框太小，可用凿刀适当扩大，便可将换气扇嵌入木窗框，再用木螺钉穿过换气扇框上的安装孔，将换气扇固定在木窗框上。

2. 在钢窗框上安装换气扇

在钢窗框上安装换气扇时，同样先取下或割下一块玻璃，再另做一个木框镶套在钢窗框内，如图4.26所示。木框内围尺寸与换气扇框架尺寸相同，木框厚度不小于20mm。另外，取4片刚性较强的长条形金属板，宽约20mm、厚2～3mm、长度可根据窗框大小确定，只要金属板长度超出窗角即可。在金属板中心钻有小孔，以便穿过螺栓。在木框四角确定好钻孔的位置后钻出4个小孔。

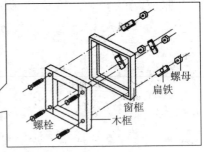

图4.26 在钢窗上安装换气扇

安装时，先将木框嵌入窗框内，从木框外侧穿入长度合适的螺杆，再从窗框内侧套上4块金属板，使金属板卡在窗框角的两边，旋紧螺母。旋紧螺母时应使四边受力均匀，这样金属板就与木框紧紧夹住。最后用木螺钉将换气扇固定在木框上。

3. 在墙壁上开孔安装换气扇

根据换气扇的规格尺寸，先在墙壁上开孔，再在洞内嵌入一个木框。木框的尺寸与洞口基本一致。然后用木楔把木框固定牢固，四周用水泥砂浆封固。待水泥砂浆干燥后，把换气扇嵌入木框中，用木螺钉穿过换气扇框上的安装孔拧在木框上，如图4.27所示。

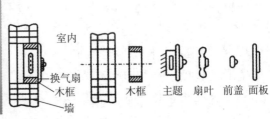

图4.27 在墙壁上安装换气扇

提示

挑选出风口环境时，应注意出风口对面2.5～3m内不能有太大的障碍物。换气扇的扇叶与墙壁之间的距离必须达到5cm以上。

4.2.4 在吊顶上安装换气扇

1. 在木吊顶上安装换气扇

在卫生间、厨房等场所的木吊顶上安装换气扇的步骤及方法见表4.6。

表4.6 在木吊顶安装换气扇的步骤及方法

步 骤	操作方法	图 示
1	在吊顶上先安装好排气管、电线管、木梁	
2	安装管道接头，使其固定在木梁上（与管道接触部分用专用胶水接好）	
3	将预先布置好的电源线从木梁框中拉出来，与换气扇的电源引线连接	

续表4.6

步　骤	操作方法	图　示
4	将换气扇机体压进木梁框内，并用螺钉固定牢固	
5	待吊顶整体安装完成后，再装上百叶	

2. 在铝扣板吊顶上安装换气扇

在铝扣板吊顶上安装换气扇的步骤及方法见表4.7。

表4.7　在铝扣板吊顶上安装换气扇的步骤及方法

步　骤	操作方法	图　示
1	安装铝扣板吊顶	
	预留30cm×30cm的开孔	

步　骤	操作方法	图　示
2	将换气扇箱体放置到龙骨上方，连接好电源线	
	用卡子将箱体固定在吊顶的龙骨上	
3	拿出换气扇的面板	
	握住面板背面的卡扣	
	将卡扣对准箱体的卡槽，卡进去	
	将面板对准扣板的四个边按压至同一平面	
	安装完成	

3. 安装换气扇的注意事项

① 由于换气扇安装在高处，一般情况下人体不会触及，同时换气扇的外壳和叶片又是塑料制品，所以不必采用保护接地（接零）措施。

② 换气扇电源插座的安装位置应避开油气、水蒸气直接熏到的地方。安装高度不低于1.5m。

③ 卫生间换气扇应尽量安装在靠近原有风道风口，这样做符合管线最短原则。

④ 卫生间换气扇应尽量安装在靠近气味及潮气产生位置，这样做符合效率最高原则。

⑤ 卫生间换气扇不宜装在淋浴部位正上方，否则产生气流会使身体感到不适，且气温低时，热量损失大。

⑥ 卫生间换气扇的安装位置应结合吊顶造型、分块、灯饰等，在美观上做统一考虑。

⑦ 安装换气扇支架时，一定要让支架与地基平面水平一致，必要时在换气扇旁装置角铁进行再加固。

⑧ 换气扇安装完后，要对其周围密封性进行查看。如有空隙，可用阳光板或少许玻璃胶进行密封。

⑨ 换气扇安装时应注意风机的水平方位，调整风机与地基平面水平一致。换气扇安装后不能有歪斜现象。

⑩ 不得将排气管道弯成"V"字形、杠铃形等形状而阻碍空气流通。

4.3 吸油烟机

4.3.1 吸油烟机简介

1. 吸油烟机的类型

吸油烟机从最初的顶吸式薄型吸油烟机（第一代产品），发展到侧吸式深型吸油烟机（第二代产品），近年来又出现了欧式免拆洗、近吸式为主的第三代吸油烟机。

（1）根据产品风格分类。

根据产品风格，吸油烟机可以分欧式和中式两大类，如图4.28所示。欧式烟机主要以壁挂式为主，还有部分中岛式高端产品［吊装在吧台或者岛柜上方的天花板（顶墙）上，四面悬空，用于吸排吧台或者岛台上面的油气］；中式烟机也主要以壁挂式为主，有深罩式和浅罩式之分。

（a）欧式　　　　　　　　　（b）中式

图4.28　欧式和中式吸油烟机

（2）根据电机及风轮的数量分类。

根据电机及风轮的数量，吸油烟机可分为双机及单机（即双筒和单筒）。

（3）根据积停沥油方式分类。

根据积停沥油方式，吸油烟机可分为双油路、三油路（气室沥油、防护罩沥油及风运沥油）。

（4）根据集烟室结构分类。

根据集烟室结构，吸油烟机可分为单层（三油路）、双层内胆式（双油路）、多层集网（多油路）等。

（5）根据功能结构分类。

根据功能结构，吸油烟机可分为多媒体烟机、嵌入式烟机、壁吸式烟机、侧吸式烟机（图4.29）和实木型烟机等。

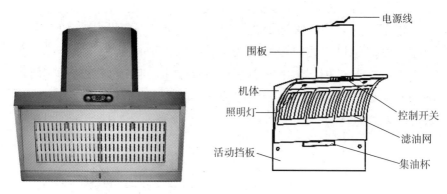

图4.29 侧吸式烟机的结构

欧式吸油烟机的外观美观，制造工艺精细，但它没有较大容量的集烟罩，适合于空间较大、油烟不是很多的现代化厨房；深型吸油烟机造型美观，与其他款式的吸油烟机相比，具有风量大的优点，而且大容量的集烟罩有利于吸排油烟，适合于油烟较多、空间较大的厨房；薄型吸油烟机外形轻巧美观，占用空间小，适合于小型的厨房；亚深型吸油烟机适合于空间和油烟适中的厨房。带有过滤网结构的吸油烟机可在油烟排出之前先对油烟进行过滤，这样排出的气体所带的油烟较少，可减少排出的气体对环境的污染。分体式吸油烟机的主机（吸油烟机噪声的主要来源，包括电机和叶轮）安放在室外，这样可在很大程度上减少厨房内的噪声，是营造一个比较安静的厨房的最佳选择。

吸油烟机现已成为家庭必备的厨房电器，如果安装不当，在使用过程中容易出现噪声大、震动大、油烟抽不出去以及滴油等情况。

2. 吸油烟机的工作原理

如图4.30所示，吸油烟机安装于炉灶上部，接通吸油烟机电源，驱动电机，使得风轮作高速旋转，在炉灶上方一定的空间范围内形成负压区，将室内的油烟气体吸入吸油烟机内部，油烟气体经过油网过滤，进行第一次油烟分离，然后进入烟机风道内部，通过叶轮的旋转对油烟气体进行第二次的油烟分离，风柜中的油烟受到离心力的作用，油雾凝集成油滴，通过油路收集到油杯，净化后的烟气最后沿固定的通路排出。

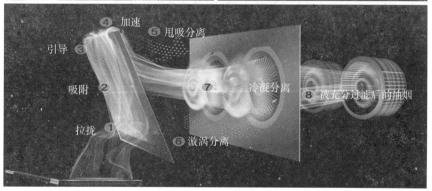

图4.30　吸油烟机工作原理图

4.3.2　安装吸油烟机的技术要求

1. 吸油烟机安装位置的确定

① 吸油烟机不要安在空气对流强的地方，即吸油烟机的安装位置周围应避免门窗过多，因为门窗过多时空气对流过大，会使油烟未上升至250mm的有效吸力范围就已经扩散不少，吸排油烟的效果会受到影响，如图4.31所示。

此处空气对流强，会影响吸排油烟效果

图4.31　吸油烟机不能安在空气强对流的地方

② 不能将吸油烟机安装在木质等易燃物的墙面上。烟机要直接固定在承重墙墙面上，绝不能固定在橱柜上。

③ 吸油烟机应安装在灶具的上方，中轴线与灶具中心线重叠，左右在同一水平线上，如图4.32所示。

安装在灶具的上方，中轴线与灶具中心线重叠

图4.32　吸油烟机的安装位置

吸油烟机的吸烟孔以正对下方炉眼为最佳，即安装在产生油烟废气的正上方，如图4.33所示。

图4.33 吸油烟机安装位置

　　一般来说，油烟在出锅沿3cm左右的位置开始扩散，吸油烟机吸风口到锅口平面的距离越近，油烟就排得越干净，而传统欧式和中式烟机因为受安装位置限制，油烟吸净率也自然受限，而低位侧吸式吸油烟机的油烟排净率要高于前两种，能基本解决油烟向四周扩散的问题。

　　④ 吸油烟机的安装高度应合适，以不妨碍操作者活动为标准。一般顶吸式吸油烟机安装在灶上65~75cm即可；侧吸式吸油烟机安装在灶上35~45cm即可，如图4.34所示。

图4.34 吸油烟机的安装高度

2. 吸油烟机排烟管的安装要求

① 吸油烟机排烟管道的走向应尽量短且避免过多转弯，特别是要避免多个 90° 折弯，这样才能出风顺畅，吸油烟效果好且噪声小。如果是直接接到户外，排烟管道应尽量短，如**图** 4.35 所示。

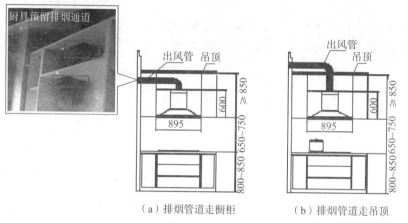

（a）排烟管道走橱柜　　　（b）排烟管道走吊顶

图 4.35　排烟管道安装示意图

② 排烟管道安装在带有止回阀的公共烟道时，必须先检查止回阀是否能够正常打开工作，如**图** 4.36 所示。

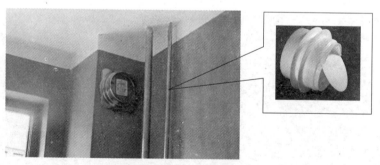

图 4.36　室内烟道止回阀

③ 排烟管伸出户外或通入共用吸冷风烟道时，接口处要严密，不要将废气排到热的烟道中。

4.3.3 吸油烟机的安装工艺

1. 准备工作

在正式安装吸油烟机之前，应做好以下几方面的准备工作，以方便油烟机的安装。

（1）预留吸油烟机电源插座。

吸油烟机电源插座位置应该在水电改造时就规划好，由于吸油烟机的电源线普遍只有1.5m长，所以插座常安装在油烟机的上方80cm的位置，这样炒菜时电线容易因受热而提前老化，出现漏电。

如果吸油烟机上方安装了橱柜，可把电源插座隐藏在吊柜里面，使外面看不到电源插座。如果吸油烟机上方没有安装橱柜，为了美观，也可以把电源插座安装在吸油烟机罩的后面便于操作的地方。

吸油烟机电源插座的具体定位方法见表4.8。

表4.8　吸油烟机电源插座定位法

序　号	吸油烟机类型	插座定位
1	中式烟机	安装在烟机上方距地2.15m处
2	欧式烟机	安装在烟机围板两侧距地2.15m处（使用方便）；或安装在烟机围板后面距地2.2m（美观、整洁）
3	侧吸式烟机	安装在烟机围板两侧距地2m处；或安装在烟机围板上方距地2.1m处

（2）预留排风口。

吸油烟机排风口的大小应根据吸油烟机的排风管大小来确定。排风口应该是外口直径大，内口直径小，以防止雨水倒灌。

一般中式烟道开孔尺寸是150～160mm；欧式烟机开孔尺寸是160～180mm；侧吸式烟机开孔尺寸一般是160mm。市面上的开孔钻头一般直径为159mm，最终开孔大小为160mm。如口径不同，应提前做好变径。

（3）开箱验收产品。

安装前，应按照装箱清单仔细检查吸油烟机的配件是否齐全，有无损坏，发现问题应及时与业主联系更换。

 提示

吸油烟机的电源插座，必须使用有可靠接地的专用三孔插座。在吊顶之前，需要把烟管先走好。防逆阀一定要安装。

2. 安装吸油烟机

一般来说，安装吸油烟机并不复杂，只需要打 2 ~ 4 个膨胀螺栓，然后把烟机挂上就行了。

① 在墙上钻出 3 个 Φ10mm 的孔，深度 50 ~ 55mm，埋入 Φ10mm 塑料膨胀管，然后将挂板（附件）用木螺钉紧固，如图4.37所示。

（a）定位 （b）钻孔

图4.37 安装挂板

② 将排烟软管嵌入防逆阀组件，用自攻螺钉紧固，如图4.38所示。

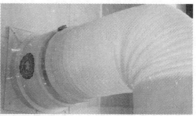

图4.38 固定排烟管道防逆阀

③ 将整机托起后，后壁两长方形孔对准挂板的挂钩挂上。由于吸油烟机比较重，一般由2人合作，如图4.39所示。

图4.39 挂吸油烟机

将整机左右两端调校至水平状态，并且让其工作面与水平面成3°～5°的仰角，以便污油流入集油盒，将装在挂板中间的螺母拧紧，以防吸油烟机滑落，如图4.40所示。

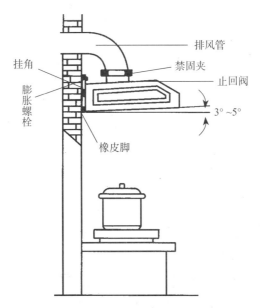

排风管

挂角

膨胀螺栓

禁固夹

止回阀

3°～5°

橡皮脚

图4.40 吸油烟机安装示意图

④ 安装排烟管。将排烟管一头插入止回阀出风口内外圈之间的槽口，用螺钉紧固。另一头直接通过预留孔伸入室外。如排烟管是通入公用烟道，一定要与公用烟道防回烟的止回阀连接，并密封好。若排烟到墙外，则建议在排烟管外装上百叶窗，避免回灌。

⑤ 安装吸油烟机的油杯、面罩等配件。

> **提示**
>
> 吸油烟机安装好之后，如果厨房还有其他的装修项目没有完成，这时需要做好吸油烟机的保护工作。可以给吸油烟机套上塑料保护膜。

3. 安装吸油烟机的注意事项

① 应在厨房水、电、气、吊顶、墙面装潢完毕后，再安装吸油烟机。

② 吸油烟机在安装前一定要确定打孔部位没有水管、煤气管、电线经过，以免造成破坏，甚至引发触电危险等。

③ 吸油烟机在安装过程中一定要注意机体水平，安装完毕后观察其水平度，避免倾斜。确保吸油烟机无晃动或脱钩现象。

④ 排烟管不宜太长，尽量减少折弯，否则会影响吸油烟的效果。

⑤ 避免插座及电源线外露现象，达到整体美观，也不影响安装操作。

4.4　消毒柜

4.4.1　消毒柜简介

1. 家用消毒柜的功能

家用食具消毒柜是通过远红外线高温、臭氧、紫外线等物理、化学或两者相结合方式杀灭食具上残留的病原微生物，从而达到杀菌目的的家电产品，同时它还具有储存、烘干、保洁等功能。

为了节省空间，家庭一般选择嵌入式消毒柜，如**图**4.41所示。

图4.41 嵌入式消毒柜

2.消毒柜的基本组成

消毒柜的基本结构如**图**4.42所示。

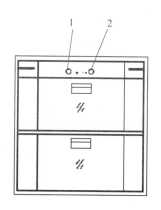
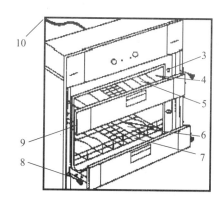

1. 上层键 2. 下层键 3. 门控开关 4. 上层杀菌室 5. 上层架 6. 下层消毒室
7. 下层架 8. 安装螺丝 9. 排气孔 10. 电源线

图4.42 消毒柜的基本结构

消毒柜主要由箱体、消毒装置、烘干装置、控制器四大部分组成，见**表**4.9。

表4.9　消毒柜的基本组成

序　号	组成部分	说　明
1	箱体	箱体部分包括喷涂外壳、不锈钢内胆、不锈钢碗盘架、导轨及柜门。作为消毒柜的一个重要部分，箱体要支撑整个消毒柜，是消毒柜的骨架，因此必须具备足够的强度和可靠的精度。柜门和柜体要保持良好的密封性，以确保各功能的有效运行 箱体的外形、制作工艺和色彩，可以给人一种良好的视觉感受
2	消毒装置	消毒装置是消毒柜的核心部分，它由消毒灯管、荧光灯座、镇流器、启辉器、启辉器座等部分组成 若消毒柜带有臭氧发生器或紫外线装置，则必须设有门控开关装置，只要柜门一打开，臭氧发生器就自动停止工作
3	烘干装置	烘干装置由PTC加热器、温控器、风机等部分组成。通过加热流动空气的方式，使柜内温度升高，达到烘干碗筷的目的
4	控制器	控制器由电源板和按键显示板组成。可以按用户的意愿来完成各项任务，其主要任务是选定功能，设定时间，控制消毒柜的消毒、烘干状态

4.4.2　消毒柜的安装工艺

1. 消毒柜的安装要求

嵌入式消毒柜可以根据需要设置在橱柜基础下部或立柜上部，要先留好安装位置，并安装好电源插座。

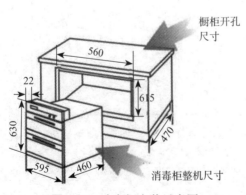

橱柜开孔尺寸

560

22

615

630

470

595　460

消毒柜整机尺寸

图4.43　消毒柜安装示意图

嵌入式消毒柜安装非常简单，如图4.43所示，在橱柜的设定位置上，按说明书规定的尺寸设置适当的方孔（不同品牌及型号的消毒柜的尺寸不同），将消毒柜本体平稳嵌入方孔内，拉开柜门，用6个木螺钉将机体固定在门面上，保持齐平。

💡 提示

嵌入式消毒柜的电源插座可安装在橱柜的墙壁上（图4.44），另外安装一个开关在橱柜台面上方的适当位置，以方便控制。电源插座与消毒柜的间距应控制在2m以内。

图4.44　消毒柜的电源插座

2. 消毒柜安装的注意事项

① 消毒柜应平稳安装在操作、保养方便且牢固的地方（不得倾斜安置），与燃气具及高温明火处应保持安全距离15cm以上。

② 消毒框嵌装在橱柜中与橱柜组合时，应在橱柜嵌装处合适部位设置与消毒柜相通的进风口，以确保空气进给良好。

③ 严禁将消毒柜及电源插座安装在可能受潮或被水淋湿的地方。

④ 必须确认电源插座的接地极是否有效接地。

⑤ 消毒柜搬运放置时，应从底部抬起，轻搬轻放，切不可将柜门拉手作为搬运支承之用。

⑥ 消毒柜与燃气灶错开位置安装。最好不要把消毒柜安装在燃气炉具的下方，如图4.45所示。

图4.45　消毒柜与燃气灶错开位置安装

4.5　电热水器

4.5.1　电热水器简介

1. 电热水器的种类

以电能作为能源进行加热的热水器通常称为电热水器，它是与燃气热水器、太阳能热水器相并列的三大热水器之一。

电热水器按加热功率大小，可分为储水式（又称容积式或储热式）、即热式、速热式（又称半储水式）三种；按安装方式的不同，可分为立式、横式、落地式、槽下式，以及最新上市的与浴室柜一体设计的集成式；按承压与否，可区分为敞开式（简易式）和封闭式（承压式）；按使用用途，可分为家用和商用。

2. 常用电热水器的优缺点

常用电热水器的优缺点见表4.10。

表4.10 常用电热水器的优缺点

类型	图示	优点	缺点
储水式电热水器		安全性能较高，能多路供水。既可用于淋浴、盆浴，还可用于洗衣、洗菜。安装也较简单，使用方便	一般体积较大，使用前需要预热，不能连续使用超出额定容量的水量，若家庭人多，在洗澡中途有可能会遇到没有热水的情况。另外，洗完后没用完的热水会慢慢冷却，造成浪费。水温加热温度高，易结垢，污垢清理麻烦，影响发热器的寿命
即热式电热水器		即热式电热水器可分为淋浴型和厨用型（多称为小厨宝）。具有即开即热、省时省电、节能环保、体积小巧、水温恒定等诸多优点	功率比较大，线路要求高：一般功率都至少要求6kW以上，在冬天就是8kW的功率也难以保证有足够量的热水进行洗浴。电源线要求至少2.5mm^{2}以上，有的要求5mm^{2}以上
速热式电热水器		预热5~8min即可连续供应热水，节能省电；体积小巧，外观高贵，安装方便，节省空间；水温恒定，使用舒服	功率一般为3500~5500W，容量一般为6~20L，用于洗澡有可能水量不够，用于洗手洗脸是没有问题的

提示

　　速热式电热水器相对于即热式电热水器来说，它对电压、电线的要求不高，一般家庭都可以安装。速热式电热水器相对于储水式电热水器来说，它的体积比储水式电热水器的体积小，而且在安全、隔电方面结合了即热式电热水器的优点，是人们安全放心的首选。

4.5.2　安装电热水器的技术要求

1. 在浴室内安装电热水器需要考虑的因素

　　① 安装的墙体必须为实心砖或水泥墙，若墙质为不可承重或承重墙外有瓷砖等装饰材料时，需要采取特殊措施处理或用托架后才能安装。确保墙体能承受两倍于灌满水时的热水器重量，采用固定件安装牢固。

　　② 浴室墙壁中大多预埋有电源线、水管等，当位置、深浅不明时，必须要用专业仪表进行预先探测、定位后才能确定电热水器的安装位置。

　　③ 电热水器的进水管、出水管、阀门、水路转换阀门等的连接，除了管线要求连接严密之外，还要考虑热水的保温、管路的长短和走线路径、外观的整齐、水管的接地等因素。

　　④ 安装位置应能使电热水器的性能得到充分地发挥，并利于以后的维护、保养和维修等。

2. 电热水器对家庭配电系统的要求

　　若电热水器发生安全事故，大多是因用电环境而引起。为预防发生意外触电事故，电热水器的电源引线应选用横截面积 $\geqslant 2.5mm^2$ 的铜芯绝缘导线，外皮应防水、耐磨。电源插座必须使用与插头规格相匹配的三极专用固定插座，插座的额定电流不小于16A。不能使用移动式电源接线板，且相线、零线、地线连接位置应正确。插座应设置在水流无法溅到的地方，并使用防溅插座。

电热水器供电电源插座的接地极绝对不允许空着，必须具备可靠的专用接地线或接零线，即所谓的保护接地或保护接零。采用保护接地时，接地电阻值不得大于4Ω。家用供电系统必须具备漏电保护装置。如果业主家里的电源不符合上述要求，应对家庭电源系统进行改造，达到以上标准后，才可正常安装电热水器。

3. 电热水器安装位置的确定

电热水器的安装位置，应该根据业主的居室环境状况并综合考虑下述因素来确定。

① 避开易燃气体发生泄漏的地方或有强烈腐蚀气体的环境。

② 避开强电、强磁场直接作用的地方。

③ 尽量避开易产生振动的地方。

④ 尽量缩短电热水器与取水点之间连接的长度。

⑤ 电热水器的安装位置应考虑到电源、水源的位置，水可能喷溅到的地方，电源应有防水措施。

⑥ 为便于日后维修、保养、更换、移机和拆卸，电热水器安装位置必须预留出一定的空间。

⑦ I类电热水器（该器具不仅带有基本绝缘，还带有附加的安全防护措施，其方法是将易触及的导电部件与已安装在固定线路中的保护接地导线连接起来，使易触及的导电部件在基本绝缘损坏时不成为带电体）的安装必须有独立的插座及可靠接地。

⑧ 电热水器安装挂架（钩）的承载能力应不低于电热水器注满水质量的2倍。其安装面及安装架（钩）与电热水器之间的连接应牢固、稳定、可靠，确保安装后的电热水器不滑脱、翻倒、跌落。

4. 电热水器的安装方式

（1）按照安装环境分类。

按照安装环境，电热水器的安装方式有嵌入式安装、分室安装和同室安装三种，如图4.46所示。

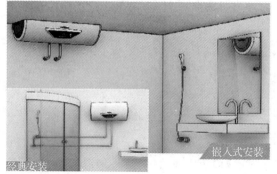
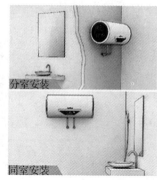

图4.46 电热水器的安装方式（按照安装环境分类）

（2）按照用水路数分类。

按照用水路数，电热水器安装方式有单路用水和多路用水两种，如图4.47所示。

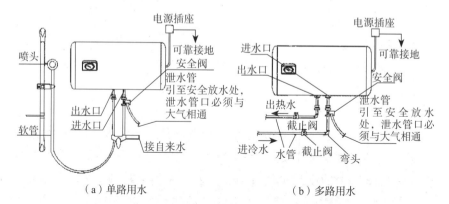

（a）单路用水　　　　　　　　（b）多路用水

图4.47 电热水器的安装方式（按照用水路数分类）

4.5.3 储水式电热水器的安装

1. 储水式电热水器的安装步骤及方法

（1）定位钻孔，安装挂板。

在墙面上定位，确定钻孔的位置。要求花洒的出水口不能高于混水阀；箱体底部与花洒支架之间的垂直距离在40cm以上，如图

4.48所示。安装位置确定以后，用电锤打孔，再打入膨胀螺栓，把挂板安装好。

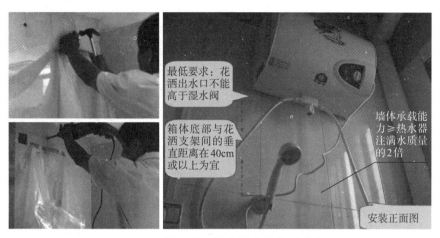

图4.48　储水式电热水器安装位置确定

（2）悬挂热水器。

将电热水器悬挂在墙面的挂板上，如图4.49所示。

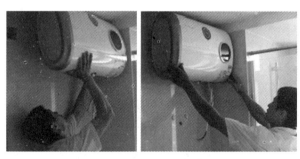

图4.49　悬挂储水式电热水器

（3）水路安装。

如图4.50所示，水路安装时，将混合阀安装到有阀门的自来水管上，混合阀与热水器之间用进出水管、螺母、密封圈连接。在管道接口处必须使用生料带包缠，以防止漏水。如果进水管的水压与安全阀的泄压值相近时，应在远离热水器的进水管道上安装一个减压阀。

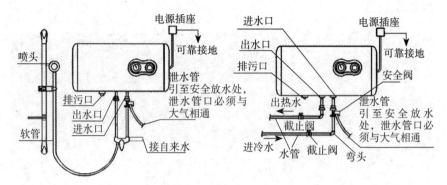

图4.50　储水式电热水器水路安装示意图

（4）清洗系统。

水路安装完毕后，先要清洗一下整个系统，再将电路安装好。具体方法是：关冷水阀，开热水阀，打开自来水阀，让冷水注入水箱，当混合阀有水流出时，可加大流量，对水箱管路进行冲洗，再开冷水阀，冲洗阀体内部通路，然后接上淋浴花洒。

（5）电路安装。

在离电热水器适当距离且高出地面1.5m以上的地方安装电源插座或漏电保护型断路器，如图4.51所示。打开电热水器外壳，接好电源线，并接好地线。注意：要根据功率大小选择合适的导线截面积。

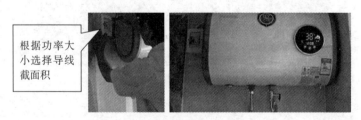

图4.51　安装电热水器电源插座

2. 检查储水式电热水器是否漏电

电热水器安装后应进行试机运行，安装人员可用试电笔或用万用表等仪器对其外壳可能漏电部位进行检查（图4.52），若有漏电现象应立即停机并进一步检查和判断故障原因，确属安装问题应解决后再进行试运行，直到电热水器安全、正常运行。

图4.52　用试电笔检查电热水器是否漏电

4.5.4　即热式电热水器的安装

1. 安装即热式电热水器的技术要求

即热式电热水器可以安装在厨房，也可以安装在卫生间，安装示意图如图4.53所示。

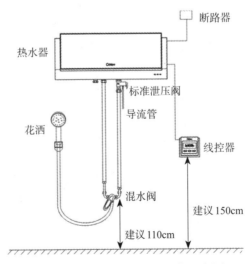

图4.53　即热式电热水器安装示意图

即热式电热水器的安装要求如下：

① 一般采用独立的4mm²以上的铜芯线作为专用供电线路；安装最高加热功率在8000W的即热式电热水器时，采用独立的6mm²的铜芯线作为专用供电线路。

② 电能表的额定电流在30A以上。

③ 电热水器供电的线路应单独安装漏电保护型断路器。

④ 由于即热式电热水器的工作电流较大，插头插座在插拔时会有电弧产生，引起电击，建议采用漏电断路器。

⑤ 如果选择多路供水，应先预埋好热水管。热水出水处尽量不要离电热水器太远，否则会影响热水的使用效果。

2. 即热式电热水器的安装步骤及方法

（1）确定安装位置。

确定好安装位置后，用定位板（由生产厂家提供的随机附件）在墙上做好标记，用电锤在定位处钻孔，如图4.54所示。

在孔位处用记号笔做标记

图4.54　定位钻孔

（2）安装挂板。

在孔中打入塑料膨胀套管，然后安装挂板，如图4.55所示。

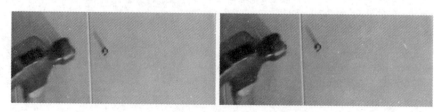

图4.55　打入膨胀套管，安装挂板

（3）安装主机。

将电热水器主机安装在挂板上，如图4.56所示。

挂稳，摆正，
不歪斜!

图4.56 安装主机

（4）连接进水管。

进水管要加装过滤网，过滤网一定要垫平，与调温安全阀连接，再连接到电热水器的进水口，并拧紧螺母。进水管的一端与主水管连接，另一端与调温安全阀连接，如图4.57所示。

（a）加装过滤网

（b）拧紧进水口螺母

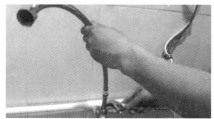

（c）进水管与主水管连接

（d）进水管与调温安全阀连接

图4.57 连接进水管

即热式电热水器必须在进水口安装过滤网，因自来水里有少量的杂物，有可能卡住浮磁（出现干烧、不加热等故障）或堵塞花洒（出水越来越小）。如果过滤网堵塞，会使流量降低、出水变小，浮磁不动作，电热水器无法加热。使用一段时间后拆下过滤网进行清洗，即可使用。

（5）安装升降架和花洒。

对准缺口，插入滑竿；将升降架安装在热水器的左侧，并用螺丝固定；然后盖上盖帽，再拧上花洒，如图4.58所示。

（a）安装升降架　　　　　　　　　　（b）再拧上花洒

（c）与热水器出水口连接

图4.58　安装升降架和花洒

（6）连接电源。

将电热水器的电源线连接到断路器上，要求采用截面积4mm^{2}以上的铜芯线。同时，注意连接好接地线。装好开关面板，如图4.59所示。

图4.59 电源线与断路器连接

（7）测试。

合上断路器，接通电源，先通水，再打开电热水器电源，根据需要调节温度（一般40℃左右的温度比较合适），如图4.60所示。

先通水，再通电

图4.60 测 试

3. 即热式电热水器安装完毕后的检查

即热式电热水器安装完毕后，应进行必要的检查，特别注意以下事项：

① 检查管路连接，走向应合理，各连接处无渗漏水现象。

② 电气配置应安全、正确，电热水器的电源线断路器接线端的连接要紧密、牢固。接地线应可靠连接。

③ 测试时，必须"先通水，再通电"。否则，产生的后果是电热水器内部的发热体瞬间被烧坏。

④ 电热水器测试正常，还应检查漏电断路器是否保护正常，其方法是：按下漏电断路器的试验按钮，若正常，漏电断路器应能够迅速切断电源。否则，应更换漏电断路器，以确保使用安全。

⑤ 向业主介绍和讲解电热水器的使用、维护、保养的必要知识。

第5章
弱电布线及器材安装

5.1 家庭弱电箱的设置与安装

5.1.1 家庭弱电箱的设置

1. 家庭弱电箱的功能

家庭弱电箱也称为家庭多媒体配线箱，如图5.1所示。

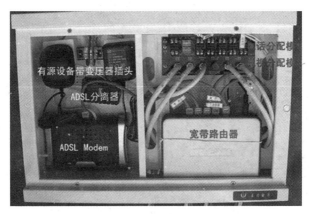

图5.1 家庭弱电箱

使用家庭多媒体配线箱（家庭弱电箱）组建的家庭多媒体网络系统主要可以实现以下功能。

① 可将若干条电话入户线根据需要分配到房间内部的各个位置以实现通信功能。家庭弱电箱具有调整和调换电话分机号码、对各房间电话机通断控制等功能。使用电话交换机模块时可使家庭内部各分机实现电话交换的各种通信功能。

② 可利用多种宽带接入方式，将宽带网络终端接入房间的各个位置，在家庭内部组建家庭局域网，实现家庭信息资源共享以及一线多台计算机同时上网等功能。

③ 通过对入户的电视信号进行信号分配、增益和补偿，可实现在房间内部多个位置同时收看电视节目的功能。

④ 可实现各房间同时收看一台影碟机播放的节目；在房间的各个角落都能听到一台家庭音响设备播放的广播和背景音乐等功能。

⑤ 可实现连接和控制可视门禁对讲系统、远红外线监控系统、烟感系统、燃气感应系统，以及远程抄表系统等功能。

2. 家庭弱电箱的定位方式

家庭弱电箱一般有以下3种定位方式，可据实际情况选择。

① 为方便与外部进线接口，家庭弱电箱箱体位置可考虑在外部信号线的入户处，一般在进户门附近，如图5.2（a）所示。

（a）设置在客厅　　　　　　　　　（b）设置在入户门处

（c）设置在柜子内部

图5.2　家庭弱电箱的定位方式

② 因家庭弱电箱的布线方式是星形布线，各信息点的连线均是从家庭弱电箱直接连接，因此从节省布线方面考虑，箱体可放在房子中央部位，如图5.2（b）所示。但这时要在外部信号线的入户处预留线缆连至家庭弱电箱箱体，以备将来的其他入户信号接入。

③ 从方便管理家庭内信号考虑。家庭弱电箱可放在主人易管理的地方，从而可随时控制小孩房等其他房间的信号通断，如图5.2（c）所示，这时需在外部信号线的入户处预留线缆连至家庭弱电箱箱体。

5.1.2 家庭弱电箱的安装

1. 家庭弱电箱的安装流程

确定家庭弱电箱位置→配置路由器、Modem等有源设备或模块条，需在强电接入插座上引入220V强电→预埋箱体→铺设PVC管，穿线时应加标识→压接RJ45、RJ11、电视（F头）插头等→理线、扎线、测试→模块条安装，并将相应的线缆插入模块→盖上面板→完成。

2. 箱体的安装

家庭弱电箱的箱体分为明装型和暗装型，一般采用暗装型弱电箱。

① 考虑到网络入户线缆的位置和管理上的方便，家庭弱电箱一般安装在住宅入口或门厅等处。按照施工规范，箱体底部距离地面的高度应为30~50cm。

② 在确定弱电箱的安装位置后，在墙体上按照箱体的长宽深留出预埋洞口。

③ 将箱体的敲落孔敲开（在没有敲落孔的位置开孔时，可使用开孔器开孔），将进出箱体的各种线管与箱体连接牢固，并将箱体接地。

④ 把箱体放入墙体预留的洞口内用木楔、碎砖卡牢，用水平尺找平，使箱体的正端面与墙壁平齐，然后用水泥填充缝隙并与墙壁抹平。

⑤ 墙面粉刷完成后，即可将门和门框安装到箱体上，将门框和门与箱体用螺钉固定，并注意门框的安装保持水平。

3. 箱体与线管的连接

① 将线管通过紧固件连接在箱体上，箱体应做好接地处理。

② 施工人员可以用钢锉将箱体敲落孔边缘部分的毛刺锉平，否则会划伤双绞线的外皮。

③ 五类网络线、视频同轴电缆及音视频线等信号线可穿入同一根金属线管中。穿线前，应对所有线缆的每根芯线进行通断测试，以免布线完毕后才发现有断线而重新铺设。

④ 线缆应在箱体内（从进线孔起计算）预留足够的线头，如图 5.3 所示。具体要求如下：75 同轴电缆（电视线）预留 25cm；五类双绞线（网线）预留 35cm；外线电话接入（电话线）预留 30cm；音视频线预留 30cm。

预留线头

图 5.3 家庭弱电箱预留线头示例

⑤ 穿线后，应再次对所有线缆的每根芯线进行通断测试，经确认后，穿线工作方可告一段落，如图 5.4 所示。

图5.4 弱电线路通断测试

⑥ 根据网络施工图，对弱电箱内的线缆及线缆所连接的各个终端插座，要重新进行检查及统一编号，并将每条线缆两端用标签加上标识。

⑦ 在墙面装饰完成后，即可开始安装箱内的各种功能模块和线缆的接线工作。

4. 家庭弱电箱安装注意事项

① 箱体埋入墙体时，如果是钢板面板，其箱体露出墙面1cm；如果是塑料面板，其箱体与墙面平齐。箱体出线孔不要填埋，当所有布线完成并经测试合格后，再用石灰封平。

② 穿线前，应对所有线缆的每根芯线进行通断测试，以免布线完毕后才发现有断线而重新铺设。

③ 穿线时，至少应预留30cm以上的线头在箱体内。

5.2 电话及宽带网络器材的安装

5.2.1 家庭电话及宽带线的接入

1. 固定电话线入户

许多旧住宅楼，基本上都是采用固定电话线入户方式，可满足业主打电话和宽带上网的需求。

ADSL宽带就是我们平常说的电信宽带，它基于双绞线传输，采用频分复用技术把普通的电话线分成了电话、上行和下行三个相对独立的信道，从而避免了各信号相互之间的干扰，如图5.5所示。即使边打电话边上网，也不会发生上网速率变慢和通话质量下降的情况。

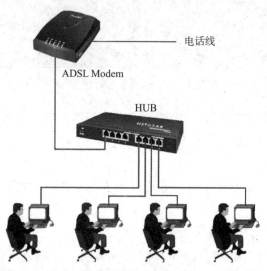

电话线

ADSL Modem

HUB

图5.5　ADSL宽带连接示意图

以前从电信公司接线盒到用户之间多数使用平行线，这对ADSL传输非常不利，过长的非双绞线传输会造成连接不稳定、ADSL灯闪烁等问题，从而影响上网。用双绞线代替用户分线盒到语音分离器之间的平行线，可有效地解决上网受干扰的问题。

另外，由于ADSL是在电话线的低频语音上叠加高频数字信号，虽然理论上ADSL线路连接电话不会对上网速度有任何影响，实际上连接了不合格的设备之后，上网速度还是会变慢。所以，为了确保数据的正常传输，在滤波器之前不要连接电话、电话防盗等设备。如果条件允许的话，最好安装一条ADSL专线，这样能够避免很多问题的发生。在改造线路时，最好单独拉线，使用4芯数字电话线入户。

2. 光纤线入户

近年来，部分新建小区通过光纤千兆接入小区或大楼、百兆到楼层。通过网线以10Mbps的速度接入用户桌面，妥善地解决了用户接入带宽瓶颈问题，可轻松实现信息高速传输和视频服务，如图5.6所示。

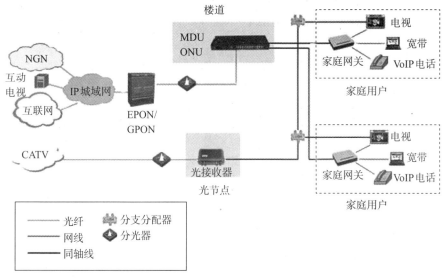

图5.6 光纤入户示意图

在LAN宽带接入方式中，最后100m入户一般采用5类或超5类4对UTP电缆，事实上，4对电缆在传输100M信号时，只用到了其中的2对线，而其余的2对线是作为备用的。在铜缆原材料价格不断上涨的今天，使用5类2对数字电话线来替代5类4对UTP电缆，是一个比较经济的解决方案。一方面，2对数字电话线可以实现百兆传输，另一方面投资成本大为降低。

5.2.2 室内电话及宽带的安装

家庭安装电话线，首先要考虑电信运营商进入小区的情况，目前常见是电信的LAN和ADSL。同时还要考虑家中需要安装几部电话机和计算机。

目前居室里的电话还是以串接的方式居多，当接到呼叫信号时，所有的电话同时振铃，既给非主要呼叫对象造成不必要的干扰，又丧失了保密功能、内部通话等功能，所以我们在布线时要重点考虑家用电话交换机或专业布线箱。

1. 电话线及宽带线的布线

电话线采用星形布线法，所有通话点的线材均在交换机或布线箱里实施信号交换，如果使用交换机，交换机应布置在干燥易散热且不影响居室美观的偏僻处，但应注意检查维护是否方便。

如果使用ADSL上网，最好将户外电话线拉到ADSL调制解调器所在的位置，然后通过分离器再拉线到其他各处，这样可以很方便地使电话线路接在ADSL调制解调器的后面。

所谓分离器，就是将电话入户线中混合的语音信号与数据信号分离开来的一个设备。目前市场上主要有三口分离器和二口分离器（也称为鞭状语音数据分离器），如图5.7所示。电话线与分离器连接时，要注意连接到正确的端口。分离器使用不当，会造成电话机（窄带应用）或ADSL上网（宽带应用）不能正常使用，出现电话杂音大、接电话时上网掉线等故障。布线系统的不合理，通常造成IPTV机顶盒与ADSL Modem之间缺少网线连接，或者在电视机附近没有设置网线及连接插座而无法使用IPTV，只能通过敷设明线或用无线方式来解决，既影响了家庭布局的美观，又可能对IPTV的收视效果产生不良影响。

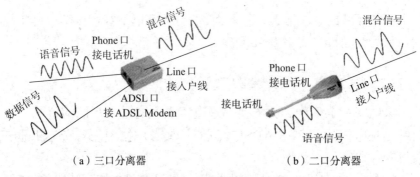

（a）三口分离器　　　　　　　　（b）二口分离器

图5.7　分离器

兼顾电话和ADSL上网的典型安装线路如图5.8所示。使用三口分离器时，进户电话线通过分离器分别接电话机和ADSL Modem，多个电话机可以并接在分离器的Phone口上，如图5.8（a）所示；使用二口分离器时，入户电话线直接与ADSL Modem连接，分离器安装在每个电话机上，如图5.8（b）所示。

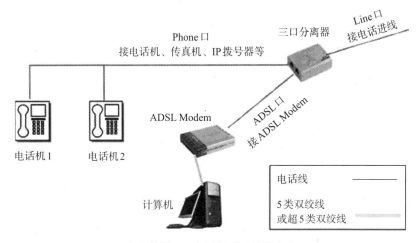

（a）使用三口分离器的典型安装方式

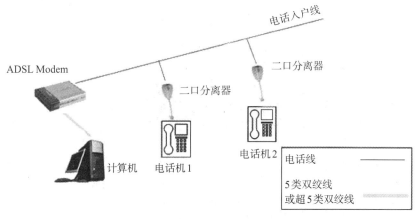

（b）使用二口分离器的典型安装方式

图5.8　兼顾电话和ADSL上网的典型安装线路

2. 安装交换机

交换机的交换模式可以根据主人习惯，居家的房屋构造灵活设置，既可以设置为循序振铃，也可以设置为主机振铃转接等各种模式，避免不必要的干扰。交换机既可以实现保密功能，还可以实现内部通话、免打扰、一键拨号等功能（视布线箱及交换机的型号而不同）。

入户信号线接入交换机的 IN（1），如果有两个入户信号（需申请），另一信号线接入交换机的 IN（2），通往各房间的线路分别接在交换机的各出口上，如图5.9所示。

别墅等面积较大的家庭住宅，安装电话交换机是很实用的

图5.9　家用电话交换机

3. ADSL 用户端设备之间的连接

ADSL用户端设备之间的连接示意图如图5.10所示，其连接步骤如下。

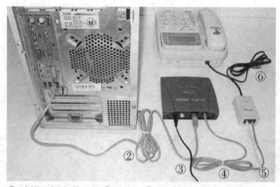

①计算机网卡接口　②网线　③Modem 电源线
④电话线（连接Modem和分离器）　⑤电话线总线
⑥电话线（连接电话机和分离器）

图5.10　ADSL用户端设备之间的连接

① 将计算机的网卡和ADSL Modem的"Ethernet"接口通过五类双绞线相连接。

② 使用ADSL Modem自带的电话线连接Modem的ADSL端口与语音数据分离器标记"Modem"的接口。

③ 使用电话线将电话机连接到低阻分离器标记"Phone"的接口。

④ 将电话进户线连到低阻分离器标记"Line"的接口。

💡 提示

① 进行ADSL用户端设备连接时，应断开ADSL Modem电源，不要带电进行线路连接操作。

② 在分离器前不要接电话机、传真机、防盗器等设备，请正确连接分离器，否则将影响正常上网。

③ Modem上一般会常亮三盏灯，分别为电源、ADSL线路灯和到计算机的线路灯。如果Modem设备灯都不亮，请检查Modem设备是否正常供电。

5.2.3 信息插座的安装

1. 信息插座的安装与接线

信息插座是用来插接计算机的专用插座，通过它可以把从交换机出来的网线与接好水晶头的接到工作站端的网线相连。信息插座由两部分组成，即面板和8位信息模块，8位信息模块嵌在面板上，用来接线，接线时可以把模块取下，接好线后卡在面板上。

信息插座采用统一的RJ-45标准，4对双绞线电缆的8根芯线按照一定的接线方式接在信息插座上，称为端接。

端接信息插座的步骤及方法如下：

① 把双绞线从布线底盒中拉出，剪至合适的长度。先剥削电缆的外层绝缘皮，然后用剪刀剪掉抗拉线。

② 将信息模块的RJ-45接口取下来，向下置于桌面、墙面等较

硬的平面上。

③ 分开网线中的4对线对，但线对之间不要拆开，按照信息模块上所指示的线序，稍稍用力将导线一一置入相应的线槽内。通常情况下，模块上同时标记有568A和568B两种线序，电工应当根据布线设计时的规定，与其他连接设备采用相同的线序。

④ 将打线钳［主要用于墙体内部网线与信息模块的连接，可将双绞线压入模块，并剪断多余线头，如图5.11（a）所示］的刀口对准信息模块上的线槽和导线，垂直向下用力，听到"喀"的一声，模块外多余的线会被剪断。重复这一操作，可将8条芯线一一打入相应颜色的线槽中，如图5.11（b）所示。

（a）打线钳

（b）打线

图5.11　用打线钳打线

⑤ 将模块的塑料防尘片沿缺口插入模块，并牢牢固定于信息模块上。

⑥ 将信息模块插入信息面板中相应的插槽内，如图5.12所示；

再用螺丝钉将面板固定在信息插座的底盒上。

图5.12 信息模块插入信息面板中相应的插槽内

信息插座的接线方式有两种：T568A 和 T568B。接线时，双绞线的色标和排列方法应按照统一的国际标准进行连接。

T568A 的排线顺序从左到右是：白绿、绿、白橙、蓝、白蓝、橙、白棕、棕。

T568B 的排线顺序从左到右是：白橙、橙、白绿、蓝、白蓝、绿、白棕、棕。

T568A 和 T568B 的线对排列不同之处，其实就是1号线和3号线、2号线和6号线的位置互换一下，如图5.13所示。线对颜色编码见表5.1。

表5.1 线对颜色编码

线 对	T568A线号	颜 色	缩 写	T568B线号
1	4/5	蓝/白蓝	BL/W-BL	4/5
2	3/6	白橙/橙	W-O/O	1/2
3	1/2	白绿/绿	W-G/G	3/6
4	7/8	白棕/棕	W-BR/BR	7/8

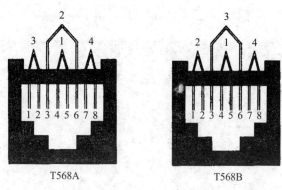

图 5.13　信息插座线对排列示意图

 提示

在一个网络综合布线系统中，只允许采用一种接线方式。

2. 信息插头及跳线的制作

与网线面板连接的网线使用信息插头，俗称水晶头，常用的是 RJ-45 水晶插头。

RJ-45 水晶插头的接线有 T586A 或 T586B 两种方式，一般按 T586B 方式接线。如果是线缆间跳线，或从计算机连接到信息插座，一条线两端插头的接线位置要一致。如果是从计算机连接到计算机，则接线要交叉接线。使用新型交换机，可以自动识别线序，可以使用直接连接的方式。RJ-45 插头的接线方法如图 5.14 所示。

RJ-45接头

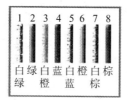

T568A   T568B

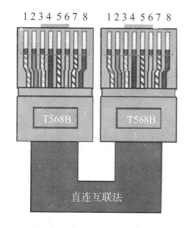

直连互联法

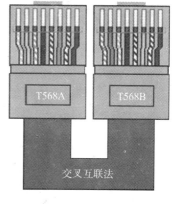

交叉互联法

一、直连线互连
网线的两端均按T568B接
1. 计算机 ◄——► ADSL Modem
2. ADSL Modem ◄—► ADSL 路由器的WAN口
3. 计算机 ◄——► ADSL 路由器的 LAN口
4. 计算机 ◄——► 集线器或交换机

二、交叉互连
网线的一端按T568B接，另一端按T568A接
1. 计算机 ◄——► 计算机，即对等网连接
2. 集线器 ◄——► 集线器
3. 交换机 ◄——► 交换机
4. 路由器 ◄——► 路由器

图5.14　RJ-45水晶插头的接线

　　RJ-45水晶插头的制作工具如图5.15所示，其制作步骤及方法见表5.2。

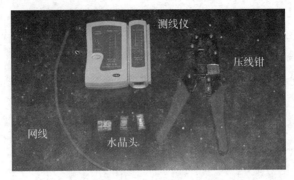

图5.15　RJ-45水晶插头的制作工具

表5.2　RJ-45水晶插头的制作步骤及方法

步　骤	操作方法	图　示
1	用压线钳的剥线口将网线外层的护套剥去	
2	将4对双绞线分开、捋直，并让线与线紧紧地靠在一起	
3	用压线钳的剪线口将剥去护套的网络线多余部分剪去（所需的长度大概是15mm，和指甲盖长度差不多），留下一排整齐的线头	
4	套上水晶头。注意，水晶头的卡簧朝下；网线的8根内芯一定要伸入水晶头底部，如果不触底会影响使用效果	

步 骤	操作方法	图 示
5	将水晶头放入压线钳的压线口，用力握压线钳手柄。最好是反复握几次。右图为压制过与未压制过的水晶头对比（左侧为压制过的，铜压刀已经完全没入水晶头内）	
6	将制作完成后的网线两头插入测线仪，打开开关，如果 1 ~ 8 的指示灯依次反复发光，说明网线制作成功	

5.3 有线电视器材的安装

5.3.1 家庭有线电视系统简介

1. 家庭有线电视系统的功能

家庭有线电视系统的功能之一，是将室外的有线电视信号可靠地接入室内的一台或多台电视机上；功能之二，是在用户需要时可以申请开通宽带上网业务。

2. 家庭有线电视系统布线要求

（1）线路结构合理。

需要在室内不同地点布置多台电视机时，一定要通过高品质的有线电视分配器进行一次信号分配，将电视信号分别送到各个终端，如图 5.16 所示。一忌用分支器进行信号分配；二忌用两个以上的分支器或分配器在室内串接，进行二次甚至多次信号分配。否则，一方面会由于室内信号分配不均，造成无法正常收看电视信号；另一方面宽带上网业务对室内布线要求高，室内线路不合理，会造成开通宽带上网功能困难，需要重新布线。

图5.16　家庭有线电视系统的信号分配

（2）严格控制分配器的端口数量。

在配置室内有线电视终端时，应按照方便使用的原则，在客厅、每个卧室以及书房均设置1个终端。在配置分配器时，严格控制分配器的路数。

分配器的作用是将入户的电视信号均等地分配到各个终端，终端数量越多，每个终端的信号越弱，因此一般不宜使用4路以上的分配器。为解决分配器的路数少于室内有线电视终端数量的矛盾，安装时，配置二分配器或三分配器，将实际使用的终端接在分配器输出端口上，其余的终端接头暂时不接，在需要使用时切换。

（3）严格控制施工工艺。

① 一忌将入户线和去往各终端的几路线不通过分配器简单绞合在一起。

② 二忌将有线电视电缆随意扭曲，必须保证电缆在管道或箱体、底座内的转弯半径，即转弯必须平缓。

③ 三忌安装不当，分配器应安装在专用的家庭弱电箱中，电视终端面板必须安装在86盒底座上，室内电视终端的数量和具体位置以及终端面板的安装高度可根据需要决定，但要注意不能安装在以后可能被衣柜、空调等遮挡的位置，以免出现故障时影响维修。

（4）严格选用优质器材。

有线电视系统根据电视终端数量确定分配器型号，2个电视终端选二分配器，3个终端选三分配器，4个以上电视终端建议配置家用电视放大器。

分配器、放大器安装在家庭弱电箱中，放大器需要提供220V交流电源；分配器应选用标有5~1000MHz技术指标的优质器件；终端盒应选择带数据接口、电路板背面为密封焊接型，保证数字电视、宽带上网业务开展；电缆应选用四屏蔽物理发泡同轴电缆；放大器应选用750MHz以上的双向放大器。

放大器属于有源设备，故障率相对分配器、终端盒要高，产品质量较难判定，使用时对电视信号质量也有一定的影响，因此一般应尽量控制选用，忌盲目使用放大器。

（5）强弱电分开敷设。

所有同轴电缆最好采用PVC管套装敷设，以备当线路出现老化后更换新线。穿线过程中尽量避免线缆扭绞和90°的直弯。同轴电缆要和交流电源线分开管套布放，以防止交流电产生的磁场干扰。

提示

在不久的将来，电信网、广播电视网和互联网三网融合。老百姓只要任意选择一条网络就能够实现上网、看电视、打电话，资源成本将大大节约。这样，室内弱电布线也变得简单了。

5.3.2　电视电缆及相关器材的安装

1. 同轴电缆布线的敷设

家庭有线电视布线一般采取星形布线法（集中分配），多台电视机收看有线电视节目时，应使用专业布线箱或采用视频信号分配盒，把进户信号线分配成相应的分支到各个房间，如图5.17所示。切忌将室内多条同轴电缆和入户电缆的芯线扭在一起来共享信号，这样会严重影响有线电视信号的质量。

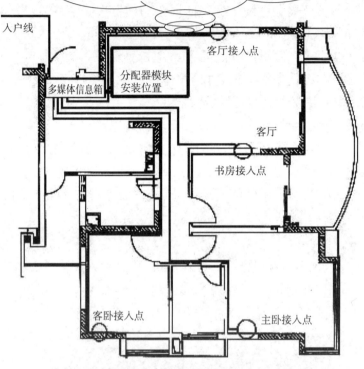

一般每个家庭以入户门附近为汇集点，客厅、主卧、客卧和书房等为单元内的接入点，将以上几个接入点独立敷设同轴电缆到汇集点，并正确地将入户线接入分配器的输入（IN）端口，而终端线接入输出（OUT）端口

入户线

客厅接入点

分配器模块
安装位置

多媒体信息箱

客厅

书房接入点

客卧接入点

主卧接入点

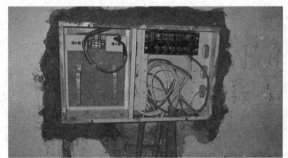

图5.17　有线电视星形布线示例

如果需要使用分配器，分配器应放在家庭弱电箱中，电缆应穿电线管敷设，以便检修。安装多台电视机，不能采用串接用户盒的方法，以免造成信号衰减太大，影响收看。图5.18所示为某家庭有线电视管线图。

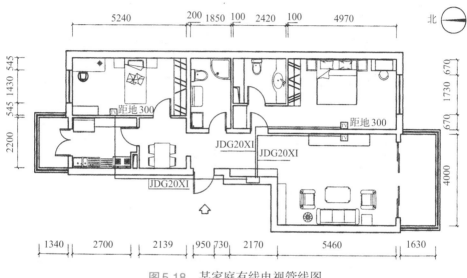

图5.18　某家庭有线电视管线图

2. 电视电缆线敷设注意事项

① 电视电缆中间不能有接头，以保证收视效果。

② 电视电缆线敷设时，一定尽量短且尽量不要过度弯曲，以减少损耗并保证良好匹配。

③ 电视电缆线尽量不要敷设在地砖下面。

④ 电缆与器件连接需用专业 F 型接头，绝不能像普通照明接线一样连接，以保证良好匹配。

⑤ 有线电视电缆不能并联，也不能简单地将户外进来的信号线直接接到各房间，应该使用分配器。

3. 分配器的安装

安装电视信号分配器时，应注意输入（IN）和输出端（OUT），进线应接在输入端（IN），到其他房间的电缆应接在输出端（OUT），如图5.19所示。

图5.19 二分配器的连接

FL10-5型插头的连接方法如图5.20所示，其操作方法及步骤见表5.3。

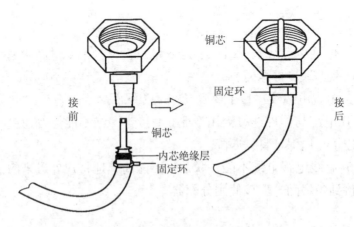

图5.20 FL10-5型插头的连接方法

表5.3 FL10-5型插头的连接步骤及方法

步　骤	操作方法	图　示
1	将电视信号同轴电缆的铜芯剥出10~15mm，并套上固定环	
2	将FL10-5型插头插入电缆中	
3	将固定环固定在FL10-5型插头尾部，并用钳子压紧固定环	
4	剪掉多余的铜芯	

 提示

　　分配器的固有损耗和分配口的多少有关，分配口越多信号损耗越大，所以尽量不要用四分配器。如果只有两台电视机，装一个二分配器就行了；如果以后再增加第三台电视机，只要将二分配器换成三分配器就行了。

　　室内所有的连接点和分配器的位置切勿封死，因为有可能出现连接点接触不良和分配器损坏的情况，以便于将来维修。

4. 电视终端用户盒的安装

电视终端用户盒是系统与用户电视机连接的端口，一般应安装在距地面0.3～1.8m的墙上，分明装和暗装两种方式。

普通终端用户盒一般有电视插口（TV）和调频插口（FM），电视插口通过用户线接入电视机的信号接收口（RF），用于看电视；调频口用于接收调频广播。

数据终端用户盒比普通终端用户盒多了一个数据口（DATA），用来接入有线数据，达到上网目的。电视终端用户盒如图5.21所示。

（a）普通终端用户盒　　　　　　　　（b）数据终端用户盒

图5.21　电视终端用户盒

电视终端用户盒的接线方法如图5.22所示。

安装电视终端用户盒应注意以下事项：

① 在安装用户盒时，一定要精心，仔细。若在安装时不仔细，容易发生固定螺丝将同轴电缆线绝缘层钻穿，致使电缆线屏蔽层与轴芯直接将信号短路，导致无法收看电视。

② 在安装电缆接头时，注意电缆屏蔽层与芯线不能有任何接触，芯线长度要适当。若线芯过短，特别是在冬季，温度降低，电缆冷缩，易造成接触不良；芯线过长，则易造成短路现象。

③ 不能将TV插孔和FM插孔搞混、插错，因为FM分支孔的信号电平比TV主路输出孔的信号电平低7dB以上，若插错后，电视机输入电平下降，图像噪点会增多，将造成图像质量下降。

芯线头的长度要合适。绝缘层
与护套口处相距2~3mm

为避免短路，应将屏蔽网
向外翻折

（a）

（b）

图5.22　电视终端用户盒的接线

5. 75Ω 直插头线的制作

75Ω直插头线的制作步骤及方法见表5.4。

表5.4　75Ω直插头线的制作步骤及方法

步　骤	操作方法	图　示
1	剥去电缆的外层护套10mm。注意，不要伤到屏蔽网	
2	去掉铝膜，再剥去约8mm的内绝缘层	

续表5.4

步　骤	操作方法	图　示
3	把铜芯插入插头并用螺钉压紧，将屏蔽网接在插头外套金属筒上，保证接触良好	插头的金属外壳必须和屏蔽网固定器紧密结合 屏蔽层固定器起到固定金属屏蔽网，以及导通插头、金属外壳的双层作用
4	拧紧压紧套	插头拧得不够紧才会有如此大的间隔，会造成屏蔽层固定器与金属外壳接触不良

　　手工制作插头线虽然比较简单，但如果制作方法不当，会造成电视信号衰减，尤其对低端频道影响最大，在画面上常常出现雪花点和各种干扰现象。因此，为了保证收视效果良好，一般建议用户购买成品的信号线。

6. 高清数字机顶盒的安装

　　高清数字机顶盒不仅是用户终端，还是网络终端，它能使模拟电视机从被动接收模拟电视转向交互式数字电视（如视频点播等），并能接入因特网，使用户享受电视、数据、语言等全方位的信息服务。

　　高清数字机顶盒的安装步骤及方法见表5.5。

表5.5 高清数字机顶盒的安装步骤及方法

序　号	步　骤	方　法
1	打开包装盒，取出机顶盒和附件	检查以下附件是否齐全及完好： ① 音/视频电缆。是一根黑色的双头线，此线两端各有3个黄红白插头 ② 有线电视用户线。一头是用户公头，一头是英制F头 ③ 机顶盒遥控器和电池
2	放置机顶盒	将机顶盒放在电视机旁边，将电池装入机顶盒遥控器
3	有线电视信号线与机顶盒连接	关闭电视机开关，先拆掉原用户线，将随机配送的用户线的一头（用户公头）插到墙上的有线电视插座上，另一头（英制F头）插在机顶盒后面板的RF IN（射频输入或信号输入）插孔并拧紧
4	机顶盒与电视机接线	① 将音频/视频电缆一端的3色插头按颜色一一对应插入机顶盒后面板的3色插孔［黄色为视频输出（CVBS、VIDEO）；红色为右声道；白色为左声道L］ ② 将音频/视频电缆另一端的3色插头同样按颜色一一对应插入电视机后的3色AV IN（视频输入）插孔（黄色为视频VIDEO，红色和白色为左右音频AUDIO），若电视机后面有几组3色插孔，选择视频输入组（IN）中空闲的一组即可，如图5.23所示
5	插卡	将智能卡微芯片（金黄色金属片）朝下，按箭头指示方向插入机顶盒插槽内
6	开机	插上机顶盒电源插头。打开机顶盒前面板上的电源开关，使机顶盒处于开机状态
7	节目调试	打开电视机电源开关，按电视机遥控器AV模式转换按钮（即切换收看VCD/DVD频道的按钮），将电视机画面切换至对应接口的AV界面（若电视机后面有几组3色AV插孔，说明该电视机有几个AV频道，则需要继续按此键直到显示出数字电视的开机画面）。如果机顶盒未搜索过节目或检测到节目有更新，屏幕会出现"自动搜索"的对话框，按遥控器"确认"键，开始自动搜索，也可以按遥控器上的"节目搜索"键搜索节目，完成后退出（如未自动退出，需手动按"退出"键）；如果机顶盒已经搜索过节目，屏幕中出现机顶盒主菜单后，可用机顶盒遥控器选择看电视、听广播等多种功能。如果7s内没有操作，则自动转到看电视状态；如果屏幕上显示"没有购买此节目"或"未授权"但实际上已购买，请等待几分钟，让智能卡自动接收授权

续表5.5

序　号	步　骤	方　法
8	遥控器使用	机顶盒遥控器在按键面板上增加了一个学习按键区域，进行两部遥控器间的学习操作时，要求电视机和机顶盒的遥控器水平正对，红外线发码、收码方向成一条直线，两设备间保持3cm左右的距离 　　① 长按机顶盒遥控器设置键3s以上，机顶盒遥控器上端LED灯将从暗亮至明亮并常亮，如图5.24所示 　　② 按一下机顶盒遥控器要学习的键后松开，机顶盒遥控器上端LED灯开始闪烁 　　③ 将电视机遥控器上学习对应的按键对准机顶盒遥控器的发射管（位于遥控器顶端中间的白色管），按下按键不要松开，当机顶盒遥控器上端LED灯闪动3次，表示已经接收到信号，此按键功能已经学习 　　④ 继续按第②步的操作完成其余按键的学习后，再按下学习设置键，红色指示灯灭，即可正常工作

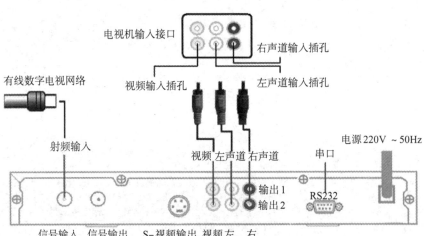

注：有的电视机声音只有一个声道，则只需接白色的左声道

图5.23　高清机顶盒与电视机的连接

图5.24　机顶盒遥控器

标清电视机可采用随机配置的AV音视频线与高清数字机顶盒相连。

高清电视机可采用AV音视频线或HDMI线与高清数字机顶盒相连，建议采用HDMI线连接（此种连接方式可保证高清节目信号传输质量）。

参考文献

［1］杨清德，手把手之家装电工. 北京：电子工业出版社，2013.9

［2］杨清德、先力，家装电工技能直通车（第二版）. 北京：电子工业出版社，
2013.5

［3］杨清德，装修电工宝典. 北京：机械工业出版社，2013.6

［4］杨清德、林安全，图表细说装修电工应知应会. 北京：化学工业出版社，
2013.2